青少年
气象科普
知识漫谈

Qingshaonian Qixiang Kepu Zhishi Mantan

《气象知识》编辑部 编

恐怖的次生灾害

Kongbu de Cisheng Zaihai

U0321302

气象出版社
China Meteorological Press

图书在版编目（CIP）数据

恐怖的次生灾害/《气象知识》编辑部编. —北京：
气象出版社，2012.12（2016.10重印）
（青少年气象科普知识漫谈）
ISBN 978-7-5029-5590-8

Ⅰ.①恐… Ⅱ.①气… Ⅲ.①气象灾害－青年读物
②气象灾害－少年读物 Ⅳ.①P429－49

中国版本图书馆 CIP 数据核字（2012）第 237292 号

出版发行：气象出版社
地　　址：北京市海淀区中关村南大街 46 号
邮政编码：100081
网　　址：http：//www.qxcbs.com
E-mail：qxcbs@cma.gov.cn
电　　话：总编室：010-68407112；发行部：010-68409198
责任编辑：侯娅南　胡育峰
终　　审：章澄昌
封面设计：符　赋
责任技编：吴庭芳
印　刷　者：北京京科印刷有限公司
开　　本：710 mm×1000 mm　1/16
印　　张：8.5
字　　数：103 千字
版　　次：2013 年 1 月第 1 版
印　　次：2016 年 10 月第 6 次印刷
定　　价：15.00 元

本书如存在文字不清、漏印以及缺页、倒页、脱页等，请与本社发行部联系调换

CONTENTS

目 录

大气报复

环境污染

地质灾害

海洋与生物灾害

太空灾害

大气报复

地球大气对人类的升级报复

◎ 林之光

　　人类诞生二三百万年来，一直和自然界相安无事，因为人类"改造"自然界的能力很弱，最多只能引起局地小气候的改变。但是，工业革命以来就大不同了，因为工业化意味着大量燃烧煤和石油，向地球大气排放巨量的废气和污染物。久而久之，就酿成了弥天大祸。

　　第一，工业和汽车会排放大量的二氧化碳等温室气体，它们会改变地球大气的辐射和热量平衡，造成全球变暖。于是，高山极地冰雪大量融化，海平面上升淹没低平海岛和大陆沿海低地（南太平洋岛国图瓦卢已举国迁往新西兰，据报道北印度洋岛国马尔代夫正计划迁往斯里兰卡），以及造成全球极端天气气候事件多发等。

　　第二，20世纪中期广泛使用于制冷剂、灭火剂和发泡剂等的氯氟烃类人造化工制品，当它的分子上升到高空臭氧层中后会大量破坏臭氧分子，造成全球臭氧层减薄和南极臭氧洞。而臭氧层减薄、紫外线的增强会造成人类皮肤癌（美国克林顿总统就曾患过）和眼睛白内障（南美洲南端已有全盲动物）。强烈紫外线还使农作物减产，海洋浮游生物和鱼、虾、蟹、贝等的幼体大量死亡，使地球生态食物链受到破坏。

　　第三，高空臭氧层的破坏，汽车的大量使用，都促进了城市中光化学烟雾的发生。光化学烟雾的主要成分是臭氧，它会强烈刺激呼吸道，1952年美国洛杉矶光化学烟雾发生时共死亡400人之多。光化学烟雾对眼睛也有强烈刺激，1972年东京光化学烟雾曾造成2万人同时患上红眼病。

第四，工业废气中的硫氧化物和氮氧化物，和雨滴结合后生成酸雨。酸雨会使树木死亡、湖泊中的生物绝灭，号称"空中死神"。酸雨也会酸化土壤，使农作物减产并腐蚀城市建筑物和文物古迹等。

第五，工厂烟囱和汽车排放的大量固体有毒颗粒，严重污染了我们呼吸的大气。世界气象组织秘书长雅罗在2009年世界气象日致辞中指出，这些固体有毒颗粒使哮喘、心脏病、肺癌等病情加剧。他同时还说，据世界卫生组织估计，每年有200万未成年人死于空气污染。

第六，工业化以来人类破坏自然的能力迅速增长。美国20世纪三四十年代，前苏联五六十年代大规模开垦草地，破坏了地面植被，引发了巨大规模的沙尘暴。沙尘暴不仅使土地荒漠化，而且向大气输送了巨量的可吸入颗粒物。它大量吸附有毒物质后，同样使人类发生许多严重疾病。

瞧，人类为了文明和富裕生活，却把自己居住的城市变成了一个个

大大小小的污染岛，把自己生存的地球搞得乌烟瘴气、"五毒俱全"。直到生存警报厉声响起，人们才觉醒过来促进和组织各种国际公约以"亡羊补牢"。例如，1992年《气候变化框架公约》和后来的《京都议定书》用来对付全球变暖；1985年在维也纳签署的《保护臭氧层维也纳公约》和后来的1987年《关于消耗臭氧层物质的蒙特利尔议定书》治理臭氧洞问题；1979年《控制长距离越境空气污染公约》治理跨国界酸雨；以及1994年《联合国防治荒漠化公约》治理土地荒漠化和沙尘暴，等等。

马克思曾经说过，"文明如果不是自觉的，而是自发的发展，那么留给自己的则是荒漠"。恩格斯明确指出这是大自然的报复："我们不要过分陶醉于我们对自然界的胜利。对于每一次这样的胜利，自然界都报复了我们。……美索不达米亚，希腊，小亚细亚以及其他各地的居民，为想得到耕地，把森林都砍完了。但是他们做梦也想不到，这些地方今天因此成为不毛之地，因为他们使这些地方失去森林，也失去了积聚和储存水分的中心。"

马克思、恩格斯说这些话的时候还是在百年以前，人类活动只使局部地区荒漠化。这可以看成是地球大气对人类的第一次报复，或者说局部的报复。因为它对别的地区没有造成什么危害。但时至今日已经有很大不同，不仅是工业废气和污染物数量特别巨大，而且特别是通过温室效应、破坏臭氧层机制等地球大气内部物理过程，外因通过内因起作用，因而起到"四两拨千斤"，从量变到质变的效果。这可看成地球大气对人类的第二次报复，升级的严重报复。即从局地底层大气的温湿度和降水量的改变，升级成了前面所说的全球性的、整层大气的、物理的、化学的"五毒俱全"的报复。

当然，我们无须悲观。我们古代神话中有"后羿射日"，解决了当时的"全球变暖"问题；有女娲用五彩石补天，解决了当时的"臭氧洞"问题等。今日我们的这些国际公约，类似于神话中的后羿的那九支箭和女娲的那颗五彩石。例如，由于《蒙特利尔议定书》提前顺利执行，预计到大约 2060 年前后，地球大气的臭氧层就会恢复到工业化以前的水平。

所以，也许我们可以更乐观地说，"塞翁失马，焉知非福"。因为人类的无知造成的地球大气第二次报复，教训实在太深刻了。"吃一堑，长一智"，人类会变得更加聪明。人类在今后与大自然相处中会更加谨慎和更加警惕，在人类社会文明富裕程度不断提升的前提下，和地球大气、自然界最终相处得更加和谐。

（原载《气象知识》2009 年第 2 期）

大片《后天》并非就是地球的后天

◎ 林之光

全球变暖本已是全球瞩目的热点，美国大片《后天》的播放更把热点的热度提升了一个层次。报刊上对《后天》的评论很多，不过主要都是"启示"。启示我们要提高环境意识，这当然是好的。而且，说实话，《后天》在宣传气象科学的重要性和气象灾害严重性（美国总统都冻死在南撤墨西哥的路上）方面，确实起到了重大作用，而这种作用是任何国家的气象部门和科学家所起不到的。

但是，除此之外，故事片《后天》中的巨大灾难"实况"及其科学解释，却几乎都是人为编造、制作出来的。由于影片的社会影响很大（上半年票房统计，全球名列第三，中国内地列第二），观众较易误信影片具体内容。因此，从科学上加以澄清还是有必要的。

首先我们列举影片中一些重大科学性错误。一是影片中几乎把台风，龙卷风，冰雹，暴雨，洪水，暴雪和严寒等所有重大的气象灾害，不仅极度夸张地而且是毫无内

电影《后天》海报

在联系地用镜头连接到一起。这里只举一小例，影片一开头就是温带东京的巨雹，美国的飓风、积雨云（飞机失事）等夏季强对流天气，而此时热带印度反在降夏雪。二是用热带天气系统"制造"了欧美严寒暴雪，因为影片中给出的造成这些天气的卫星等云图就是热带天气系统台风及其组合，而这种热对流特别强烈的热带天气系统是不可能在中高纬度形成的，从原理上也决定了不会带来严寒大雪。三是影片中用迅速"拉下"对流层高层约 –150°F（–101℃）空气到达地面，造成近地面严寒低温问题。这种手法更像神话小说了。它违背了物理学中气体压缩增温的基本规律（地面气压高，气流下沉，体积被逐渐压缩时会不断升温，一般每下降百米升温1℃）。我们且不问其动力何来，只说如果这种高空极其稀薄的空气（夏季对流层高层 15～16 千米高度上，空气密度约为地面的 10%）一旦不经压缩突然到达地面，不用说会引起地球大气爆炸反应，而且地面人们在冻死之前早就已经窒息而死了。四是这些灾难性天气过去以后，（至少）北半球会进入新的大冰期。要知道，"小"冰期几百年一次，大冰期至少是几万年的事……可见，这些只能是电影艺术，而非科学。实际上，由于《后天》只是个以气象灾害为重要载体的故事片，是不可以谈科学性的，因此，片中科学性问题比比皆是。

下面再来研究影片中对巨大灾害原因解释。其中唯一有现代科学"根据"的，即全球海洋中的温盐环流关闭理论。这个理论是说，全球变暖后两极冰雪融化，降水增加，它们都使极地海水淡化（盐度降低）。海水淡化和升温都使海水密度减小，便不能再沉入海底南流，全球海洋温盐环流因此停止，低纬表层温暖海水也就不再北上高纬，遂使极地降温变冷。这个理论本身并无问题，而且地球历史上大约 1 万年前的新仙女木事件（北半球高纬大范围强降温），许多科学家也都是用温盐环流关闭来解释的。但是，作者指出这个理论并不能用来解释《后

天》那样强降温的严寒灾害。因为：

第一，地球上赤道和极地间的热量输送和平衡，主要还不是靠海流（宽度，流量和影响范围均有限），而是气流。而且，每当极地大幅降温，南北温差增大，全球大气环流会自动增强调节，例如温带气旋中暖空气加强北上，使南北温差减小。第二，全球海洋中温盐环流关闭后北半球高纬度的自然冷却，从物理规律上说，应该是逐渐的，不会发生突然强降温。

实际上，地球上要出现半球性以致更大范围的气温剧降，一般只可能是类似"核冬天"的机制。即通过大规模核爆炸等方式制造大量灰沙尘烟（经大气环流分布到全世界），迅速阻断阳光热量，才有可能使地面温度剧降（以致夏季出现冬季温度，因此称为"核冬天"），否则巨大制冷能量从何而来（电影中说的北极气流和西伯利亚气旋，夏季中它们的温度并不低）？这种强降温机制在现代地球上短时间、局部地区已经得到证实，例如 1815 年 4 月印尼特大火山爆发，1945 年 8 月日本两次原子弹爆炸，1990 年 2 月科威特油井大火浓烟等。但《后天》中并没有这种引发机制。

最后，作者认为，我们得到的真正启示应该是，由于在地球历史上确实曾出现过"新仙女木事件"等强降温、强升温的巨大灾变，这提醒我们，大自然中确有人类所没有掌握的灾难引发机制（至少"新仙女木事件"就不是仅用温盐环流关闭所能圆满解释的）。我们人类在影响和改变地球自然环境时是真要十分谨慎小心，否则将来大自然给我们的报复，就真该是全球性的灭顶之灾了。当然，这种灭顶之灾也绝不是《后天》中那样（尤其不会在几天几小时内突然发生），因为那仅仅是21 世纪初电影艺术家的"杰作"。

（原载《气象知识》2004 年第 4 期）

城市气象灾害及其防御措施

◎ 李青春

城市气象灾害是指城市的特殊天气气候条件对工农业生产、人民生命财产、生活环境造成危害的灾害现象。随着国民经济的发展，城市不断地新建和扩建，城市人口的不断增加，使城市环境与气候发生了很大变化，使得城市气象灾害的发生和影响表现出新的特点，其主要特征是由于城市人口集中、财产密集，一旦发生气象灾害，其受灾的经济损失相对较大；城市更易发生与气象灾害有关的次生灾害（火灾、空气污染及传染病流行等）；城市的一些公共设施有可能成为新灾源。我们只有认清城市气象灾害的特点，采取必要的防御对策，才能减轻城市气象灾害。

城市面临的气象灾害

暴雨洪涝灾害

城市暴雨洪涝是重要的气象灾害，它对城市安全会产生威胁。由于城市排水系统的某些问题，暴雨造成的洪水能冲毁道路、输电线路等设施，中断城市的交通运输、供水供电等。由于城市特定的下垫面，汛期如果遇到暴雨、连阴雨，地势低洼、排水不畅地区易发生洪涝灾害，使

交通瘫痪，影响城市正常运转和市民正常生活，大量物资被浸泡受损，企业停产等。

　　近年来，由于城市规模逐步扩大，部分城市城区短时间内出现降雨 80～100 毫米，就会出现多处局部洪涝。以北京为例，1996 年 7 月 21 日北京城区降雨 60～100 毫米，导致 43 处渍涝，造成机场高速公路交通中断，延误航班（乘客不能按时到达机场）的事件。如果暴雨同时伴有大风，则不仅交通局部中断，还可能会造成停电事故。2004 年 7 月 10 日 15—21 时，北京地区遭遇了一场 10 年不遇的局地大暴雨天气。10 日 16—22 时，城八区平均降水量超过 70 毫米，主城区降雨量最大，自动站观测记录显示，最大降水量达 110 毫米以上。暴雨造成城区房屋倒塌、人员受伤、部分地区严重积水，东城、西城、崇文、宣武四个内城区道路积水严重。北京市区有 41 处路段发生交通拥堵，21 个路段严重拥堵，尤其是本市主要干线的立交桥下，由于瞬间积水严重，有的立交桥下积水甚至深达 2 米，至少 8 处立交桥行车瘫痪，表现了城市化的交通设施建设布局、结构放大和衍生灾害的典型特征。

城市热害

　　随着全球变暖趋势的加剧和城市化进程的加快，城市的热岛效应和绿地减少，使城市高温现象越来越突出，这种灾害威胁到城市居民的身体健康，造成城市供水、供电紧张，并加剧城市光化学污染，严重影响到城市居民的生产、生活。

　　以北京为例，1996 年夏季酷热，北京至少三个小区千余户居民连续发生停电 8 小时以上的事故。1997 年 7 月中旬到 8 月上旬持续 20 多天高温天气，北京日供电量高达 476 万千瓦，城区电网超载 32 万千瓦，不得不请求华北电网全力确保京城供电。1999 年夏季遭遇百年罕见炎热，始于 6 月 24 日的 35℃ 以上的高温持续达 10 天，最高达 39℃，打破北京 110 年来的纪录。随着气温升高，用电负荷一路攀升，不断突破用电记录。2000 年夏季的高温创 1891 年以来的历史新高，7 月份高于 35℃的天气达 15 天。用电负荷猛增，使北京市的电网承受了历史最高负荷。

持续高温天气，单位、市民大量使用制冷设备，城市供电供水系统长时间超负荷用电，停电事故增加，对重要会议、医院手术、市民生活及社会稳定等，均有很大影响。高温引起的供电事故严重影响了城市安全、稳定和居民的生活。对现代化城市而言，断电意味着现代城市之灾，因为任何城市防灾工作供电的保障是不可缺少的。

高温期间，城市用水量猛增，造成供水更加困难；持续的高温加剧蒸发量，使地下水位迅速下降，水库蓄水显著减少，加剧旱情。

地面高温使公路交通事故频发（车轮爆胎和司机疲劳）。在国内甚至导致因地面高温造成民航飞机起飞发生事故。

雾（或烟尘雾）害

雾是由空气中水汽凝结或凝华而形成的，它对能见度产生很大影响。气象观测规范中把水平能见度 1～10 千米的叫轻雾，水平能见度小于 1 千米叫雾。

雾出现时，地面风速一般较小，近地层气层稳定，不利于污染物的扩散、稀释。近几年来随着城市的发展，城市和工厂、汽车排放到空中的污染物增多，在风力微弱、相对湿度较大、大气层结稳定或有逆温层存在的晴朗夜晚，大量的烟和极细微的粉尘漂浮在城市上空，形成烟尘雾，使城市居民工作和生活在污浊昏暗的空气之中。城市雾霾日数的增多，大气污染严重，这已引起相关部门的高度重视。

浓雾天因能见度差，交通、航空受其影响很大。如北京市 1994 年 2 月 17 日晚，出现能见度小于 50 米的强浓雾，持续到 19 日上午 10 时左右。北京首都国际机场因雾关闭 30 多小时，影响客运、货运 250 架次，

滞留旅客 1.6 万人，经济损失 200 多万元。

浓雾中由于空气湿度大，且含有较多的污染物质，结露在输变电设备的表层，致使设备绝缘能力迅速下降，当超过其抗污能力时，就会出现线路闪络、微机失控、开关跳闸，从而发生停电、断电故障，影响工农业等行业生产和人们生活用电，造成严重经济损失和政治影响。如1990 年 2 月 16—19 日，连续 4 天，北京大雾弥漫，北京电网发生严重的大面积"污闪"事故。仅 16 日和 17 日两天，华北电网往北京供电的8 条高压输电线路中，就有 3 条 500 千伏和 3 条 220 千伏的高压输电线路相继掉闸断电，只剩 2 条 220 千伏的线路勉强支撑。同时市内电网也有 12 条 220 千伏和 17 条 110 千伏高压线路先后掉闸断电，8 个枢纽变电站发生故障。

浓雾还影响微波及卫星通信，使其信号锐减、杂音增大、通信质量下降。

同时，雾（或烟尘雾）使空气污染更加严重，直接影响人们的身体健康，甚至引起某些疾病的发病率和死亡率升高。

风灾

城市高层建筑的狭管效应使局部风速增大，一些公共设施成为新灾源。如 1992 年 4 月 9 日 11 级大风使北京市 40 多处广告牌被摧毁。北京站前 8 米高的巨型广告牌倒塌造成 2 人死亡，伤 15 人的恶性事故。2000 年 3 月 27 日的 8 级大风将北京市安翔里小区在二层楼顶施工的 7 名工人吹离工作平台，造成 3 人死亡，伤 4 人的重大事故。

积雪灾害

冬季发生降雪天气时，可使交通瘫痪、通讯中断、塌房、树木受损以及市民摔倒骨折等事故。

2001年12月7日下午北京下了一场降雪量仅为1.8毫米的小雪，却引起了北京城市交通大堵塞，影响十分恶劣，后果十分严重。北京城区还曾因为一场初冬的大雪，使许多供电线路的外皮脱落、短路等引发火灾。全市受损树木1347万株，100多条供电线路受到影响，地铁13号线因铁轨结冰造成短时运行中断。

雷电灾害

雷电灾害严重威胁城市安全和市民生命财产安全。事实证明雷击是城市现代化建设的一大灾害。雷电灾害直接影响着通信、供电、航空以及诸多古建筑的安全，一直为人们所关注。随着城市现代化发展，高层建筑和现代化通信设备的增多，城市对雷电灾害越来越敏感；又由于城市热岛效应强度的增大，城市对流性天气增多，雷暴日数也随之增多，造成的经济损失也呈增大趋势。另外，城市的运转对信息技术的依赖性也越来越大，如果一次强雷电的电磁波感应造成计算机和网络通信系统（如银行、税收等系统的同城结算计算机网络等）瘫痪，其后果很难想象。1997年北京市因雷击损坏电视机和联网微机等共600多台。在2001年，北京发生30起雷电灾害中，有90%是因感应雷击造成计算机网络、通信设备和住宅楼的电源设备被损坏的。

雹灾

发生在城市的雹灾主要使户外设施遭到不同程度的损害。如1969年8月29日18:05—20:00，北京10个区县降雹。城近郊受灾最重，居民住房玻璃被打坏，东西长安街的路灯被打坏三分之二。2005年6月7日傍晚，北京雷声滚滚，暴雨倾盆，铺天盖地的冰雹袭击了北京北部地区和部分城区，砸坏了数十辆汽车。

城市气象灾害的防御措施

在所有城市灾害中，气象灾害是发生次数最多、频率最高、损失也是最大的灾种。气象灾害具有明显的季节性、连锁性、多样性、损失重的特点，直接影响工农业生产、交通运输、城市供电和生命财产安全。一次严重的气象灾害，有可能使城市的发展停滞若干年。

为了防御和减轻城市气象灾害，除了研究灾害的形成、变化规律及其影响外，还要改造客观存在的不利条件，减缓或降低因城市化而加重气象灾害的不利影响。对于城市暴雨洪涝灾害防御的主要措施是：加强水利防洪设施建设，制订新的市政工程施工标准。同时加强城市排水系统改造、整治河道等。扩大城市绿化面积，促进土壤对雨水的吸收。对于城市热害和削减城市热岛效应的措施主要为：科学设计房屋建筑，重视天气预报，做好防暑降温准备，扩大城市绿地覆盖率，增加城区水域面积和喷、洒水设施，降低温度。减少温室气体排放。尽可能增大城市下垫面的反射率，建筑物外表用浅色装饰材料，可有效增加反射率。大气污染治理措施是：制定排污标准、限制排污量，减少工业排放和机动车排放等。

气象部门应对气象灾害进行长期预测，对灾害发生的趋势做出预报，使防灾决策部门做到心中有数，在重点区域进行防御。

目前在我国针对气象灾害的监测体系和网络，除已建有气象观测站、天气雷达站、静止卫星云图接收站、地面自动气象站外，在城区加密了地面自动观测站点的密度，为满足城市减灾防灾的需要，布设了闪电定位仪、新一代雷达，不断提高观测精度。

气象部门发布中、短、临近预报，发布各种天气预警信号，开展灾害性天气和突发事件应急服务等项工作。在突发性灾害天气出现前，如局地大暴雨、灾害性强冰雹天气、短时 8 级以上大风、高温天气等，气象局发布气象警报。

在进行天气预报和监测过程中，发现有上述突发性灾害天气即将发生时，应立即制作预警信息，通过电视、电台、电话、手机短信、互联网等多种途径向公众发布。直接通知有可能受灾的地区政府、部门和企事业单位，并及时向市政府主管部门进行天气情况的报告。

发布天气警报时，提醒市民如何进行防灾减灾，首要任务是保护市民的生命安全。对灾害天气连续进行高科技手段跟踪监测，随时向有关部门发布天气监测情报信息。灾后及时搜集灾情，编发气象灾情通报。

开展人工影响天气工作（如人工消雾、消雹作业），这是减轻相关气象灾害的最根本措施。

科学安装避雷装置，积极开展避雷装置检测，普及雷电防护知识，采取有效方法保护自己，避免或减轻灾害。

城市气象灾害监测、预警与应急服务系统建设是气象防灾减灾工作的重要内容，是建立全社会预警体系的重要组成部分，直接关系到我国经济社会的可持续发展和公众生命财产安全。

改造客观存在的不利方面。制定社会、经济、环境协调发展的城市规划，城市规划必须考虑气候条件、气象灾害的影响，如工业区布局、街道走向。制定排污标准、限制排污量、绿化环境、调节气候等。

（原载《气象知识》2006 年第 2 期）

短时暴雨与城市积水

◎ 骆继宾

随着经济的不断发展，城市中建设起越来越多的高楼大厦、柏油马路、城市广场、立交桥、停车场等等，使市区内的裸露土地越来越少。一旦下起雨来，雨水很难渗入地下。遇到大雨、暴雨，雨水来不及通过下水道流走，就形成径流，汇集成了积水，特别是在市区内地势比较低的地区。虽然现在许多现代化城市，包括我国新建的不少城市都有比较现代化的排水和下水管道系统，但遇到降雨量过大时，仍然会因排水不及时而形成积水，同样的情况国外许多现代化的都市也难以避免。积水的多少与降雨的强度、降水量的大小以及下水系统的设计有很大关系。

暴雨导致严重积水

城市积水首先危害的是城市交通，即便是 20 分钟的暴雨也能使公路立交桥下造成严重积水，导致涉水车辆熄火，形成交通堵塞。更为严重的积水就可能使城市的街道、民房、商业用房、仓库、地下停车场、工厂、机关、学校等受到影响，其所造成直接经济损失是十分巨大的。现代化城市人口密集，商业区集中，受危害严重。如果处置不当或救助不及时还可能造成人员的伤亡。例如 2003 年 12 月 3 日在澳大利亚的第二大城市墨尔本，在十几个小时内降雨 120 多毫米，使市内部分地区积水。许多驾车的市民不得不弃车而逃，或站在车顶或站在马路边的高处求救，相关部门收到的手机求救电话就有上千次，当地警察及时派出一批橡皮船出来救助，才未造成人员伤亡，但经济损失严重；一个多月后，2004 年 1 月 29 日晚，仍然在墨尔本，一场雨下了不到 2 个小时，降雨量不到 70 毫米，该城东北部，积水深约 0.5 米，造成交通混乱，许多商店、居民住宅及车辆被淹，损失超过 100 万澳元；2004 年 3 月 21 日，香港下雨不到 70 毫米，洪源路等地水深及膝，汽车被水渍，木屋居民纷纷报警求救；2004 年 4 月 1 日上午在广州出现降雨天气，时间 1 小时左右，降雨量也只有 37.6 毫米，但造成多处浸水，海关学院对面马路 100 多米长的路段浸水约 0.7 米，相关的报警和求救电话大增；2002 年 7 月 30 日四川成都市的一场暴雨使市内部分地区受淹，五福立交桥和五块石大道立交桥下的积水达 1.5 米，交通中断达 8 小时，市区共有 13 处出现积水，西城角低洼处水深齐腰，经民警救助 153 人得以脱险。类似的例子近几年在我国许多城市都曾发生过。造成这些灾害的降水的特点是：时间短，可能只有几个小时，有时甚至不到一个小时；降雨强度大，1 个小时就可能下三五十毫米，但降雨总量不一定很大；降水范围较小，只是城市的一部分，甚至只是几个街区；灾害持续的时间不长，一般几个小时、最多一天就过去了。这些特点都和雨季对流性降雨的阵性、分布不均匀性和局地性有关。尽管这种灾害持续的间很短，但是对于一个城市，无论是商店、仓库、工厂，还是居民家庭或地下停车场，只要被水浸泡都会造成损失。而在农村，农田被水短暂浸泡后，只要积水消退，农作物可以照常生长，不会造成巨大的损失。

城市积水灾害的防治

正是由于雷阵雨的阵性和分布不均匀性，使得这种短时、局部性的强降雨预报起来比较困难，特别是具体的降雨区域很难预报，因为它有时只有十几平方千米、甚至只有几平方千米。另外，降雨的强度也不易把握，从理论上说，现在的中小尺度数值预报的精确度可以达到1平方千米左右、甚至更小，但这只是一个奋斗目标，实际操作起来有相当的难度。

目前比较好的办法除了数值预报外，还采用卫星云图结合天气雷达跟踪的办法做临近天气预报。国外也是采取类似的方法，他们是在短期1~3天预报某个地区将出现强降雨，强降雨的具体落区和时段不定。在强降雨的对流云出现、发展、移动全过程中，用卫星云图结合天气雷达跟踪，这也就是在强降雨开始的前几十分钟或降雨刚刚开始的时候，同时发布强降雨可能出现在城市的哪个方位，向什么方向移动，还会影响哪些地区，连续进行跟踪，滚动预报。他们的临近预报用几种方法同时发布，例如在该城市的电视上用字幕发警报、气象台同时发布语音警报，广播电台也实时转播天气预报、城市交通广播电台根据降雨预报做出交通信息预报，并指挥驾驶员和相关人员避开即将和已经积水的地段。他们的这些做法虽然预报时效很短，但却很实用。

国外还有些做法也是针对城市积水的，如：鼓励各单位、家庭购买财产、货物、商品、设备保险，为的是在受损后能得到赔偿，以减少损

失；容易发生这种情况的城市警察局多备有相关的救助设备。另外，对新修的立交桥不再使桥底下凹，而是使桥顶升高，以避免桥下积水等等。

多年前，笔者在日本东京郊区的一个小镇（类似国内小卫星城镇），参观了由城建和水文部门共同设计的防治城市积水的设施。他们把一些公共场所，如街区公园的草地、球场、停车场都做成比一般的地面和道路要低一些，暴雨一来，这些地方就成了蓄水池；如果降水强度很大，仍然不够用，有些楼房的地下室和地下车库可以临时开放并方便地蓄水。他们说，这样做有两个目的，一是减少和避免城市积水的危害；一是有意积蓄一部分雨水，用来浇灌树木、草地和清洗公共设施，如洗车等之用。日本的淡水资源不够丰富，他们着眼的不仅是防灾，还要变害为利。宁可牺牲部分公共设施暂时的可利用性，也要保存多一些淡水资源。可见发达国家早就为防治城市积水做了长远打算。看来要防治城市积水不能单靠天气预报，要有新的观念和多个部门的共同策划、努力。

正在逐渐增多的灾害

我国的大小城市都在大兴土木，都市化的程度在迅猛发展。这意味着城市里雨水可渗透的裸露地面越来越少，尽管现在许多城市都强调了种草、种树、绿化环境，但实际上所种的人工培植草坪，根系很密，可渗透性也比较差；扩大了城市的柏油和水泥的地面，进一步强化了城市的热岛效应，使城市及其周围发生阵性强降水的机会与可能性加大。因此，城市的雷阵雨会增多，积水的问题也会更为严重。

事实上，根据我国一些最新的科研成果显示，气候变暖会使我国一部分地区气候发生变化、降水增多，当然，这个结论还要通过一段时间的实践来检验。有关的科研还对我国过去几年的资料进行了分析，并揭示出，在我国无论降水是增多还是减少的地区，降水的集中性都在增加。这就是说，今后出现大雨和暴雨的机会更多了，而连续性降雨的雨量则相对减少了。

随着经济不断地发展，城市化将越来越普遍，农村人口将逐渐向城市集中，这将是我国今后几十年的大趋势，不仅我国如此，许多发展中国家也如此；全球气候变化也是本世纪的一个大趋势。这两个趋势就确定了城市积水的灾害正在和将要增多。虽然城市积水是一种个别区域的灾害，频率比较低，但是它发生在城市以及经济繁荣、人口都很集中的地区，因此，造成的危害就比较大。

与洪涝有关的城市积水

还有几种城市积水并不是由于短时强雷阵雨造成的，而是由于其他一些原因，如在沿江河的城市，由于江河泛滥成灾，使城市大部地区被洪水淹没，我国许多大中小城市都曾发生过。比如，天津、武汉、上海、广州、安康等等，都曾有过街上行船的记载，但这属于大范围洪涝。

对于一些沿海城市，由于台风登陆或风暴潮与天文潮的共同作用使暴雨与潮水同时袭击，甚至海水沿江河及下水道向陆地倒灌，导致城市被水淹没。这种涨水来势异常迅猛，人们往往会躲避不及。由于城市被淹而伤亡人数甚大的，多数属于这种情况。在日本、美国、菲律宾、印度、孟加拉等国的城市都发生过，我国的上海、汕头等城市也发生过。

世界上还有一些著名城市，几乎年年都发生积水，发生频率很高，

如意大利的威尼斯、泰国的曼谷、孟加拉的达卡等。这是由于这些城市都靠近河流的入海口。本身的地势很低，海拔高度只有 2~3 米，甚至更低。在雨季中遇有河流水位比较高或降雨较多时，下水道的水就排不出去，甚至倒灌，使得城市积水，淹水一般不深，只有十几厘米或二三十厘米，人可以趟水而行，车辆可以照样行驶，在威尼斯的旅游胜地圣马可广场，游人还可以踩着广场上垫的大砖头在水上行走。但是，这类积水消退得很慢，有时要几天、甚至十几天。积水已经成为这几个城市市政当局的老大难问题。威尼斯和曼谷已经在国际上征集解决方案。随着全球气候变暖，海平面的逐步升高，这几个城市的积水问题会变得更为严峻。

就目前所知，我国沿海还没有这样的城市，至少情况还没有那样严重。但是我国确有些沿海的城市如天津、沧州、上海等地，地下水位在下降，导致城市地面下沉；另一方面，海平面也在上升。这种趋势如任其发展而不加控制，那么，几十年后，也许会发生类似的问题。

（原载《气象知识》2004 年第 3 期）

气象灾害对我国社会经济的影响

◎ 张 强

　　我国大部分地区位于季风区，是个典型的季风气候国家，气候要素变化明显，气象灾害种类多、范围广、频率高、危害重。20世纪80年代以来，受全球变暖影响，中国气候趋于不稳定，极端气象事件频繁发生。农业又是受气象灾害危害最大的产业，气象灾害对农业的影响趋于加重。此外，随着我国人口增加和生活水平的不断提高，对粮食的需求量越来越大。气象灾害不仅造成粮食减产和直接农业经济损失外，还会带来一系列社会、环境问题，诸如灾荒、饥饿、疾病、物价上涨、失业等，影响社会的安定团结。干旱可加剧水资源供需矛盾，导致土地干旱化、荒漠化。暴雨洪水可引起水土流失、滑坡、泥石流等，破坏农业生态环境，间接影响农业生产。

我国气象灾害概况

　　气象灾害主要有暴雨洪涝、干旱、台风、霜冻低温等冷冻害、风雹、连阴雨和浓雾及沙尘暴等，共7大类20余种，如果细分可达数十种甚至上百种。我国气象灾害种类繁多，但从对社会、经济的影响程度来看，主要是干旱、洪涝、台风、冰雹及低温冷冻害。气象灾害所造成的经济损失占所有自然灾害造成经济总损失的70%以上。据1990—

2004 年 15 年统计，我国因气象灾害造成的经济损失平均每年 1762 亿元，其中 1998 年高达 3007 亿元。每年受气象灾害影响的人口约 3.8 亿人次，造成的经济损失约占国内生产总值（GDP）的 2% ~ 6% ，相当于 GDP 增加值的 10% ~ 20% 。因气象灾害平均每年农作物受灾面积达 4940 万公顷以上，受灾农作物占所有农作物的 20% ~ 35% ，造成粮食损失约 200 亿千克，并致使 300 多万间房屋倒塌。气象灾害已经成为我国经济社会可持续发展的重要制约因素之一。气象灾害不仅对基础设施造成严重破坏，而且对人民群众的生命财产安全构成极大的损害和威胁，每年因气象灾害死亡人数高达 4700 人。同时由气象灾害引发或衍生的其他灾害，如山洪灾害、地质灾害、海洋灾害、生物灾害、森林火灾等，都对国家经济建设、人民生命财产安全构成极大威胁。

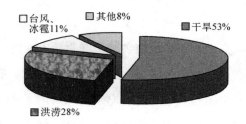

1989—2005 年平均各类气象灾害受灾面积
占农作物总受灾面积的百分比

20 世纪 90 年代以来，气象灾害对农业的影响在加剧，平均每年农田受灾面积达 4700 万公顷以上，比前 4 个 10 年平均农田受灾面积大得多。进入 21 世纪以来，我国农业遭受气象灾害的危害仍在加剧，2000—2005 年 6 年平均每年农田受灾和成灾面积分别达 4741 万公顷和 2704 万公顷，与 20 世纪 90 年代接近或偏多。1990—2005 年 16 年间，农田受灾面积超过 5000 万公顷的有 8 年。其中，1994、1997、2000、2001、2003 年不仅农田受灾面积严重，而且成灾面积还超过了 3000 万公顷，2000 年和 2003 年分别是近 10 多年来干旱、洪涝最严重的年份。

不同年代我国农田受灾和成灾面积比较（单位：万公顷）

年代	1950—1959	1960—1969	1970—1979	1980—1989	1990—1999	2000—2005
受灾面积	2192.1	3446.4	3791.3	4152.1	4934.3	4740.8
成灾面积	910.9	1714.3	1190.6	2033.6	2470.8	2704.3

气象灾害的影响

干旱、洪涝及其对农业的影响

受气候变化的影响，中国干旱受灾面积各年差异很大，例如1998年全国农田受旱面积仅1000多万公顷，而2000年全国农田受旱面积则达4000多万公顷。除年际变化外，还存在年代际的时间尺度变化，从1949年到2005年大致呈低—高—低—高—低—高—低的周期变化。

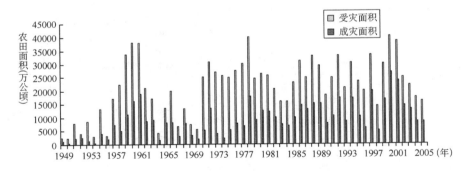

1949—2005年中国干旱受灾面积

受全球气候变化的影响，自20世纪80年代以来，我国降水南方偏多，北方偏少。特别是90年代后期以来，大致以长江、淮河为界，我国南、北降水量变化方向相反，北方各流域降水量在减少，其中，黄河流域降水量减少最明显，减少15%以上。我国降水南多北少同时出现

的局面，使得北方持续干旱缺水，南方洪涝灾害频繁发生。黄河从70年代开始频繁断流，最严重的是1997年，受大旱影响其下游的利津水文站全年断流时间长达226天，最长断流河段超过700千米。黄河断流，对流域的人民生活和工农业生产及生态环境造成严重影响。

我国洪涝灾害也因各年降水量的变化而呈现出年际波动和年代际的变化。进入20世纪90年代后，洪涝灾害明显增加，在20世纪最后10年中，因持续大雨和暴雨，先后发生了1991年淮河—太湖流域、1998年长江流域大洪水和2003年淮河流域特大洪水——我国近50多年来最严重的洪涝灾害。2003年淮河流域特大洪水造成5800多万人受灾，直接经济损失达350多亿元。可见，20世纪90年代以后我国干旱和洪涝灾害均在加重。

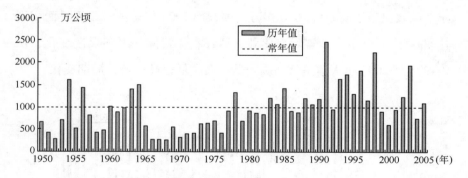

1950—2005年中国洪涝受灾面积变化

回顾新中国成立后粮食生产的发展史可以看出，在粮食生产发展过程中有过几次较大的波动，以致影响到整个国民经济的协调发展。第一次大波动，发生在20世纪50年代末到60年代初，1959—1961年3年粮食总产量平均只有1537亿千克，比1958年的2000亿千克减少463亿千克，3年累计减少1389亿千克，平均每年减少23%以上。这次大波动经过8年的努力直到1966年粮食总产量才恢复到1958年的水平。这次大的粮食波动是不利社会因素和不利气候因素相遇综合造成的。从气候因素看，1959—1961 年连续 3 年出现大范围的旱涝灾害，全国农田受灾面积达 4666 多万公顷。从社会因素看，政策失误，病弱的粮食生产机体，抗御自然灾害的能力大大减弱。以后 4 次粮食大波动均出现在 20 世纪 70 年代及其以后，比如 1972 年全国性的干旱，以及东北地区遭受严重的低温冷害，全国粮食损失 200 多亿千克；1980 年，北旱南涝，长江流域大水仅次于 1954 年，灾害严重，全国粮食总产量比上一年减少 100 多亿千克；1985 年又因干旱和东北地区遭受历史上罕见的特大暴雨洪水袭击，使全国粮食总产量较丰收的 1984 年减少了 278 亿千克，并使以后几年的粮食生产一直徘徊不前。直到 1989 年全国粮食总产量才缓慢地上升。20 世纪 90 年代以后，我国年均农田受旱面积近 3000 万公顷，严重的 2000 年和 2001 年超过和接近 4000 万公顷，因干旱影响粮食产量 500 亿千克。2004 年以后由于气候条件和政策因素粮食总产量再次回升。

1980—2005 年全国粮食总产量（单位：亿千克）

年份	1980	1981	1982	1983	1984	1985	1986	1987	1988	1989	1990	1991	1992
产量	3206	3250	3545	3873	4073	3795	3915	4027	3993	4144	4350	4353	4427
年份	1993	1994	1995	1996	1997	1998	1999	2000	2001	2002	2003	2004	2005
产量	4564	4451	4650	4900	4942	5123	5084	4622	4526	4571	4306	4695	4840

每一次大洪水的发生都给人们造成巨大损失，甚至影响经济社会的健康发展。据统计，1990 年以来全国年均洪涝灾害直接经济损失在 1100 亿元左右，约占同期全国 GDP 的 2%。遇到发生流域性大洪水的年份，如 1991 年、1994 年、1996 年和 1998 年，该比例可达 3%～4%。

低温冷冻害及其对农业影响

低温冷害指农作物生育期间，在重要阶段的气温比要求的偏低，引起农作物生育期延迟，或使其生殖器官的生理机能受到损害，造成农业

减产。我国平均每年因低温冷冻害造成农作物受灾面积达364万公顷。夏季低温冷害主要发生在东北地区，因为这里纬度较高，5—9月的热量条件虽能基本满足农作物的需要，但热量条件年际变化大，不稳定，反映在农业生产上就是高温年增产，低温年减产。黑龙江、吉林、辽宁三省1969、1972、1976年因低温冷害影响粮食产量均在100亿千克左右。春、秋季低温引起的冷害，主要发生在长江流域及其以南地区。春、秋季是冬、夏季风交替出现的过渡时期，天气复杂多变。每次冷空气的入侵，一般都会有明显的降温过程。冬、春季受强冷空气影响，我国南方低温冻害对其他作物的影响也很严重。广东、广西、云南、福建和台湾五省（区）的南部一些地区，属热带和南亚热带季风气候区，是我国发展热带经济作物的独特农业区域。冬季强寒潮爆发南下，橡胶、椰子、油棕、胡椒等经济作物会遭受寒害。新中国成立以来，1955、1963、1967、1968、1974、1976、1977年均发生过比较严重的寒害。如1955年1月，因受强冷空气影响，广东和广西橡胶树干枯致死的占70%～80%；海南岛北部橡胶树受害占10%～30%。1976、1977年连续两次寒害，广西龙州地区4～6级严重受害的橡胶树占90%～98%；云南的西双版纳胶区的开割胶树严重受害率也高达36%。1996年2月中旬中期至月底，长江中下游及其以南大部地区遭遇低温冻害，有158万公顷农作物受灾，仅广西就死亡牲畜4500多头（只），并在香港造成44人死亡，直接经济损失仅广东省就达47亿元；1998年3月18—22日，南方大部地区遭到冰雪冻害，有96万公顷农作物受灾，直接经济损失42亿元；1999年12月15—23日，华南、西南及长江下游部分地区遭到低温冻害，240万公顷农作物受灾，仅广东、广西和湖南三省（区）的直接经济损失就达224亿元；2000年1月下旬，湖北、安徽、重庆等地遭到大雪、低温冻害，118.8万公顷农作物受灾。2004年，全国因雪灾、低温冷冻灾害造成农作物受灾面积达371.1万公顷，绝收面积 52.9 万公顷，3156.1 万人次受灾，死亡 29 人；因灾直接经济损失达 96.6 亿元。

高温酷暑及其影响

由于我国是大陆性季风气候，气温日变化和年变化均很大，冬季寒冷夏季炎热是我国气候的基本特点之一。夏季日最高气温在 35℃ 以上的高温在我国普遍存在，华南、华东、华中、华北地区出现频率较高，尤其长江中、下游地区出现频率更高，因此，南京、武汉、重庆等地素有"火炉"之称。近年来，随着气候变暖和城市化加速发展，高温发生频率增加，强度增强。与此同时，热日和暖夜频率明显增加，即高温酷暑频率增加，给人民健康及工农业生产带来不利影响。例如 2003 年夏季，我国南方地区，特别是江南和华南地区出现了持续高温（日最高气温≥35℃）天气，历时 40 余天，其持续时间之长、范围之广、强度之强，均为几十年来罕见。据南方 13 个省（区、市）的 212 个站资料统计（不包括西藏），2003 年夏季出现 35℃ 以上高温天气的共有 143站，占统计站数的 67%。高温范围大大超过常年，给农业生产造成了很大影响。高温干旱造成福建、江西、湖南及浙江四省 447 万公顷农作物受灾，其中 79 万公顷作物绝收；有 900 多万人饮水一度发生困难。持续高温酷暑使华东、华中、华南电网火电机组全部满负荷运行，共有19 个省市采取了拉闸限电措施。

台风灾害及其影响

我国是世界上少数几个遭受台风危害最严重的国家之一。平均每年登陆我国的台风有 7 个，最多的年份达 12 个。台风登陆时间主要集中在 7—9 月，这 3 个月平均每年登陆的个数约占全年登陆总数的 3/4。台风初次登陆我国的时间平均在 6 月下旬，末次登陆时间平均在 10 月上旬。台风登陆的地区几乎遍及我国沿海地区，但主要集中在浙江省以南

沿海一带。华南（广东、广西、福建、海南、台湾）沿海登陆约占登陆总数的 89%，其中，又以登陆广东省的为最多；在浙江省及其以北沿海登陆的只占 11%。据近 15 年的资料统计，我国（台湾省和港澳地区资料缺）平均每年遭受台风危害的农作物面积达 300 多万公顷，死亡 400 多人，倒塌房屋 30 多万间，直接经济损失达 240 亿元。1973 年 9 月 14 日，在海南琼海登陆的 7314 号台风，中心附近最大风速达 60 米/秒，县城几乎被夷为废墟，整个海南死亡 903 人、伤 5800 人，约 20 万间房屋倒塌或损坏，直接经济损失 10 亿多元。2003 年 13 号台风"杜鹃"登陆广东，狂风暴雨给沿海部分地区造成较重损失。广州、深圳、梅州、中山、珠海等 14 个市不同程度受灾，受灾人口 1629 万人，因灾死亡 44 人，农作物受灾面积 26 万公顷，5 万多间房屋损毁，交通、水利和电力通信等受损严重。

2004 年 8 月 12 日在浙江省温岭市登陆的第 14 号台风"云娜"造成 1800 多万人受灾，183 人死亡，9 人失踪，农作物受灾面积 74 万公顷，直接经济损失 201 亿元，其中浙江受灾最为严重。

冰雹、雷暴等强对流天气灾害及其影响

冰雹 我国降雹多出现在东北到西藏这一条"东北—西南"向地带中，青藏高原是我国雹日最多的地区。冰雹有明显的季节性特点，多发生于 4—7 月，春夏之交最为频繁。冰雹出现的范围虽较小，时间短，但来势猛，强度大，常伴有狂风骤雨，因此，往往给局部地区的农牧业、工矿企业、电信、交通运输以及人民生命财产造成较大损失。例如1987 年我国先后有 2150 多个县（次）降雹，受灾农田 500 多万公顷，毁坏房屋 180 万间，死亡 400 多人，受伤 1 万多人；1989 年我国先后有 2150 多个县（次）降雹，受灾农田 500 多万公顷，毁坏房屋 180 万间，死亡 400 多人，受伤 1 万多人。

雷暴 我国云南南部、两广及海南省是我国雷暴日数最多的地区，年平均雷暴日数达到 90～100 天，其中云南西双版纳和海南省中部山区可达 110 天以上。由这一地区往北，随着纬度的增加，雷暴日数逐渐减少。我国每年有三四千人因雷击伤亡，造成的财产损失达 50 亿～100 亿元。2004 年 6 月 26 日浙江临海遭受雷击，造成 17 人死亡。

龙卷风 龙卷风是地球上最强烈的一种旋风，风力极大、破坏力极强。我国大部省（区、市）都有龙卷风的踪迹，平均每年不足 100 个，以华东的江苏、上海、安徽、浙江及山东、湖北、广东等省（市）相对较多。龙卷风出现的季节一般在 5—9 月；出现时间大多在午后到傍晚。1966 年 3 月 3 日，苏北盐城、射阳、大丰县出现特大龙卷风，各地受影响时间仅 2～3 分钟，但风力极猛，摧毁力极大，造成 87 人死亡，毁坏房屋 3 万多间，其中倒塌 1 万余间。2003 年 7 月 8—9 日，安徽省庐江、无为、望江、枞阳、太湖等县部分乡镇遭受龙卷风和暴风雨袭击。造成农作物受灾面积达 7.26 万公顷，绝收 6000 多公顷；倒房 6800 多间，损坏房屋 1.6 万间；死亡 17 人，伤病 500 多人；直接经济损失 7 亿元。

沙尘暴灾害及其影响

沙尘暴是干旱地区特有的一种灾害性天气。强的沙尘暴的风力可达 12 级以上，沙尘暴产生的强风能摧毁建筑物、树木等，造成人员伤亡，刮走农田表层沃土，使农作物根系外露，通常以风沙流的形式淹没农田、渠道、房屋、道路、草场等，使北方脆弱的生态环境进一步弱化；恶劣的能见度可造成机场关闭及引发各种交通事故。我国沙尘暴主要集中在春季，塔里木盆地周围、河西走廊—陕北一线、内蒙古阿拉善高原、河套平原和鄂尔多斯高原是沙尘的多发区。近 50 年来，除青海、内蒙古和新疆局部地区沙尘日数增多外，我国北方大部分地区的沙尘日数在减少。1993 年 5 月 5 日发生在甘肃武威地区的特强沙尘暴，致使 87 人死亡，31 人失踪，直接经济损失约 6 亿元。2001 年 4 月上旬，宁

夏、内蒙古出现强沙尘暴，有2.5万头（只）牲畜丢失或死亡，直接经济损失达1.5亿元。2002年4月5—9日，内蒙古、河北及辽宁等地的部分地区出现强沙尘暴，致使内蒙古9人死亡，1.5万头（只）牲畜丢失或死亡。2004年3月26—28日，沙尘暴造成锡林郭勒盟5000多头（只）牲畜走失或死亡，苏尼特左旗22人走失，造成全国1200多架次航班延误。

（原载《气象知识》2006年第2期）

环境污染

城市污染和氧再生

◎ 王致诚

地球上的氧已越来越不够用了，而且，这种情况并非只是出现在矿井里、水下或高山上。严格地说，在城市的街道上、公用交通工具中以及坐满了人的会议室里，我们每天都会感受到"氧荒"。在中学或者大学的课室里，学生连续听讲的时间超过半小时以上，理解能力的敏锐程度常常很难保持原有的水平。出现这种情况的原因，在于大脑对"氧荒"的反应比身体的任何其他部位都敏感。不过，为了使工作能力得到恢复，通常只需把窗户打开就行了。然而，在城市里又怎样"把窗户打开"呢？

城市缺氧

造成城市缺氧的原因很多，如汽车发动机中的燃料燃烧不完全，大型热电站和大量炉子中的燃料燃烧得不充分等。在这些场合下，石化燃料与氧结合（燃烧）生成二氧化碳（CO_2）、一氧化碳（CO）、二氧化硫（SO_2）以及其他各种污染气体。所以，新鲜空气的再生问题已变得越来越迫切。例如，东京街道上站立在十字路口指挥交通的人员常常戴着防毒面罩，有时他们的身旁还有供氧装置，以便能时而呼吸几口洁净的氧气。作为人类现代物质文明重要标志的汽车，同时又使得几乎所有世界各地大城市的中心地段成了不适宜于人们生活的区域。

在炎热的夏季，许多城市里会形成具有光化学烟雾，它对于呼吸器官的黏膜是十分有害的。每当我们提到臭氧的时候，常会想起雨后在松林里散步时闻到的那种令人愉悦的清香气息。但是，假如臭氧的浓度升高，从而空气中处于原子状态的氧的含量增加时，那么，对于呼吸器官以及聚合物、橡胶和金属等制品来说，就会构成一定的危害和危险。

造成空气中臭氧浓度升高的原因是很多的。首先，是阳光中的紫外线使氧分子分解而形成氧的游离原子；其次是灰尘微粒和水汽、碳氢化合物和氮的氧化物等形成的气溶胶。在不流动的大气中，臭氧的聚集速度特别快。在这些场合下，应警告病人——特别是呼吸器官病和心血管病患者，除非有特殊的需要，最好待在家里不要外出。

在许多大城市里，如东京、伦敦、洛杉矶、巴黎等，光化学烟雾是在一定的风向、温度、湿度、各种废气和尘土的数量等条件下形成的。至于亚洲的其他一些人口稠密的大城市，情况就更严重了。在21世纪初，这些城市已成为我们文明社会的"黑洞"。不过，也并非所有的大城市都存在着这种烟雾的威胁，例如俄罗斯最大的城市莫斯科便是如此。原因在于莫斯科有着许多宽阔的大街，足以保证形成理想的通风条件。然而，前独联体国家也有不少城市会出现烟雾，如杜尚别、阿拉木图、埃里温、海参崴等，因为这些城市或者地处山谷之中，或者濒临海湾的岸边，风往往被山脉或者丘陵所阻挡。

还有一些城市，由于机动车辆的流量极大，加上建筑物的布局十分杂乱，也会使通风条件变坏。到了夏季，有时会在城市上空出现十分明显的，由烟尘形成的帽状烟雾。

因此，规划新的城市和老城中的新区时，建筑师们要十分谨慎地保证主要大街的通风条件，首先要解决好防止空气污染的问题。

氧的再生

现在，再生氧气（也就是恢复空气中的含氧量）的必要性已经十分明显。可以用来解决这个问题的物质，既有天然的，也有人工的。存在于自然界中的是植物，太平洋的浮游植物就包含了整个"绿色"生物量中的大部分。化学所提供的是生氧粉，也就是各种过氧化物的混合物。其中最活泼的成分是超氧化钾（KO_2）。同普通的氧化钾相比，超氧化钾中的含氧量是后者的四倍。在这种物质中，氧仿佛是被装进了罐头一样。

为了使氧气再生，通常使用前面提及的生氧粉，它的成分包含有超氧化钾和过氧化钠（Na_2O_2），两者的配比可以改变。生氧粉被应用在各种呼吸设备中，而这类设备在 20 世纪中叶已用于拯救潜水员的生命。在高山条件下，使用 2.25 千克重的这种设备，可以供应足够一人呼吸45 分钟的氧气，瑞士登山运动员于 1952 年尝试征服珠穆朗玛峰时，首先使用了这种设备。在呼吸设备中，超氧化钾呈颗粒状，它以不同的稠密度敷成许多薄层，这样，可使表面反应尽可能地进行得充分。

超氧化物的用途，还包括人们需要长时间地工作、生活于其中的封闭场所如矿井、水下、宇宙飞船等处的氧气再生。这类装置所起的作用，是保证封闭系统中空气的含氧量不断得到恢复。

不久前，美国公布了关于宇宙飞船中氧气再生系统的资料；在俄罗斯的宇宙飞船上，也使用了超氧化物中所化合的氧。为了保证一名宇航员在 12 小时过程中的生命活动，在美国的宇宙飞船中，超氧化钾的消耗量为 850 克。为了改变密封舱内的局部压力，只需调节供人再生装置的水分就行了。

在宇航员进入宇宙空间时所穿的密闭飞行衣中，也要使用空气恢复系统。这种系统的器械重约 11 千克，它不仅可以保证宇航员在两小时内获得所需的氧气，还可调节密闭飞行衣内的温度。

空气中的氧还可用其他方法来恢复。例如，使呼出的空气通过碱的饱和溶液，同时将它进行电解。这时，阳极析出氧气，它可以重新回到封闭系统。还有，也可使呼出的气通过盛满浮游植物的水缸或水池，依靠光合作用析出氧气。但是，需要超氧化钾的场合并不限于再生空气中的氧，例如，为了在水下逆行切割金属的作业，同样也要用它来制取氧（利用 KO_2 与水的反应）。此外，它还应用在野战医院中向病人输氧等。

对超氧化钾逆行处置时，要事先使它同空气中的水分和二氧化碳隔开。水会使超氧化物分解，而要找到其他的合适溶剂，则尚需一定的时日。所有这些，使超氧化物的科研工作遇到了很大困难。

然而，科学上的有些发现往往来自意外的情况，如它的某些无法得到满意解释的性质等，十多年前，俄罗斯一所工学院的普通化学教研室主任，曾下决心要搞清为什么超氧化钾的物理和化学性质同它的化学式 KO_2 不符。按照他的意见，1980 年以前使用的化学式 K_2O_4 最符合它的性质。这位化学家去世后，他的学生们继续进行了这方面的研究工作。

目前，已经研制出了含氧量丰富的化合物和合金。从 110 克这种物质中可以析出 31 升氧气。目前已成功地证明了这样一点：作为最强氧化剂的超氧化钾，在一定条件下会表现出完全相反的性质——还原剂的作用。提出发现这一现象的科学报告之前，在无机化学领域中还从未了解到 KO_2 具有还原的性质。另外，证明了过氧化物和超氧化物在一定程度上是同多硫化物类似的。在这些化合物中，硫保持着它在游离状态下所特有的链式结构，例如硫的分子，同链易断的臭氧分子 O_3 相比，它的稳定性要高得多。臭氧的分子并不特别稳定，比较容易分解成氧分子 O_2 和原子态氧 O。处于这种原子态时，氧的侵蚀性变得特别强，对

生物界具有十分有害的作用。在目前尚未完成的研究课题中，包括改进超氧化钾的模型和确定它的化学式等。

（原载《气象知识》2005 年第 2 期）

"飞行拉烟"对大气环境的影响

◎ 周 毅

目前，全世界每天有万余架大型商用喷气式飞机穿梭于万米高空，还有不计其数的军用喷气式飞机夜以继日地活动。这些飞机在消耗燃料的同时，向大气层排放了大量的废气，这对大气环境产生着一定的影响。

据计算，喷气式飞机每燃烧 1 千克航空燃料，大约有 11 千克空气参与反应，产生 12 千克废气，包括二氧化碳、二氧化硫、氮氧化物及水汽等。其中的水汽和热量

飞行尾迹

进入大气后，即与周围空气迅速混合，使得飞行轨迹上的空气温度增高、水汽增加，因而时常会在飞机后面 50 ~ 100 米处出现一些宽为几米的特殊云条，气象学上称为凝结尾迹或飞行尾迹，即通常所称的"飞行拉烟"。

飞行尾迹形成后，一般可在高空维持 30 ~ 40 分钟，然后逐渐演变成类似卷云的云层。与此同时，由于飞机排放的废气中含有丰富的凝结核或冻结核，能促使天然卷云的厚度增加、维持时间变长。因此，气象学家认为，喷气式飞机飞行中产生的"副产品"——废气，具有一种

造云效应。

喷气式飞机的废气问题，引起了许多气象学家的关注。20 世纪 90 年代以来，美国和欧洲的许多气象科研人员开始对此进行深入的调查和研究。研究表明，在美国中西部地区，70 年代的云量较 60 年代增加了很多，其中以高空喷气式飞机飞行区域的变化为最大。在美国盐湖城、丹佛、芝加哥、圣路易斯以及其他一些城市，1948—1984 年间的卷云增加了5% ~10% 。这些高云的增加，与飞机飞行活动的增加有着内在的联系。德国气象学家也发现，喷气式飞机引起了中欧一些地区的局地云量的增加。

白天，由万架"播云机"播下的这些云块，具有一种相逆的作用。它们在反射阳光使地球变冷的同时，更多地吸收了地面释放的红外辐射又使大气变热。夜间，由于云层在截获地面加热的同时并不反射阳光，能使夜间的降温速度减慢，即"云被"作用。因此使昼夜温差趋于减小。

与燃烧矿物燃料的情况一样，飞机排放的二氧化碳对全球气候变暖有一定的促进作用。据计算，目前飞机排放的二氧化碳仅占人类经济活动产生量的3% 左右，远小于汽车、发电厂等的排放量。但是，喷气式飞机的数量却在逐年增加，预计到 2020 年，大型商用喷气式飞机的数量将翻一番，而且由于飞机的排放速度比其他二氧化碳排放源要快得多，因此从长远看其影响不可低估。

二氧化硫和氮氧化物是大气环境酸化和形成酸雨的根源之一。目前，人们已经认识到，人为因素产生的硫和氮氧化物多数是在矿物燃料燃烧（主要是煤和石油）过程中排入大气的。其中，喷气式飞机排放的二氧化硫和氮氧化物不容忽视。大气化学家指出，二氧化硫和氮氧化物作为温室气体同样地具有较强的红外吸收带，其对全球变暖起着一定的作用。但是，由于这类气体化学活性极强，容易发生化学变化转为酸并被云滴和降水粒子吸收，最后降落到地面，因而在大气中的寿命并不长，其主要的作用是增加了降水的酸度和地面酸沉降物的数量，使一些地区的淡水水体和土壤酸化。

此外，飞机排放的二氧化硫促进了对流层臭氧的形成。我们知道，在平流层，臭氧吸收了有害的太阳紫外辐射，使人类和其他生物体免遭伤害。但在近地面层，臭氧会危及人类健康和植物生长。因此，国际民航组织制定了飞机起飞、着陆期间的二氧化硫排放标准。好在喷气式飞机大部分时间在对流层顶附近飞行，排放的二氧化硫位于高空，不会直接危及人类。

令人棘手的问题是，虽然喷气式飞机自 20 世纪 50 年代起就翱翔天空，但研究它对大气环境的广泛影响的时间并不长。由于需要考虑的因素较多，而可供研究的观测资料又相对不足，特别是缺乏相应的定量分析，影响了一些成果特别是计算机模拟结果的权威性。

为此，1994 年美国国家航空航天局开始实施一项名为"亚音速飞机：尾迹与云效应专题研究"计划。这项计划的英文缩写为 SUCCESS，意即"成功"。1996 年 4—5 月份，他们集中了 4 架飞机和 120 名科学家，利用称为"空中警犬"的大气探测飞机，对在巡航高度上飞行的喷气式飞机进行废气监测，获得了在飞机之后 150 英尺①至 10 英里②距离及其上空的第一手探测资料。计划的重点是为了研究飞机废气造成的云量增加及其对大气化学过程的影响，其中包括云对空中和地面天气的影响。

人们可以相信，随着全球环境保护意识的不断增强和大气科学研究的逐步深入，喷气式飞机对大气环境产生的影响将会得到更好的认识和解决。

（原载《气象知识》1997 年第 2 期）

---

①1 英尺 ≈0.3048 米，下同。
②1 英里 ≈1609.344 米，下同。

珠三角大气灰霾的思考

◎ 杨绮薇

　　近年，"大气灰霾"频频光顾广州珠江三角洲地区，尤其是进入 8 月以后，灰霾日数几乎不断，天空长时间灰蒙蒙的，能见度极差，一定程度影响了海陆空交通；空中长期悬浮着无数的黑炭、粉尘等颗粒物，侵蚀着珠三角地区清新洁净的空气，长时间浑浊的空气令人感到压抑、窒闷。这种日益严重的"大气灰霾"现象给广州市民的工作生活带来诸多的不便，同时也给工农业生产带来很大的副作用。

灰霾令市民困惑

　　在广州地区，尤其是珠三角地区，往往是冷空气前脚刚走，气温稍微回升，灰霾就来骚扰，整个广州城便笼罩在阴霾之下。几位常到白云山登高的市民说："本来，白云山的空气是最清新的，怎么现在也越来越差了？阴霾缠绕，整座山都是灰蒙蒙一片。"一位每天驱车往返于广州南海上班的民营企业老板则诉苦不迭："广州郊区的能见度越来越差，交通也越来越阻塞了。"气象热线也不断接到咨询电话，询问是否进入流感季节，因为医院门诊收治的呼吸道感染、鼻炎、流感病人特多……

　　近两年频频肆虐广州珠三角地区的"大气灰霾"现象，是继沙尘暴之后的又一新的气象问题。灰霾是悬浮在大气中的大量微小尘粒、盐粒或烟粒的集合体，呈黄色或灰色。大气灰霾又称大气棕色云，是大气中有害物质迁移清除的重要中间环节，尤其在雨水酸化过程中扮演主要角色；全年平均而言，有 47.5% 的首要污染物为可吸入颗粒物（PM_{10}），而在高浓度污染事件中，69% 的首要污染物为可吸入颗粒物。专家认为，灰霾的时、空分布和粒子的物理、化学特性是当今环境与气候变化研究中一个重要因素。

据广东省气象局环境气象中心监测资料，广州最严重的灰霾天气主要出现在 10 月至次年 4 月。2002 年 1—12 月灰霾天气 85 天，2003 年 1—12 月却达 98 天，而 2004 年已高达 144 天。可见，珠三角地区的灰霾天气有日益严重的趋势。大气灰霾严重影响区域气候，使极端气候事件频繁，气象灾害连连；灰霾使珠三角地区能见度恶化，污染雾持续，严重影响海陆空交通；灰霾使太阳辐射减少，佝偻病高发；灰霾使空气质量恶化，诱发呼吸道疾病；灰霾使生物气溶胶更加活跃，传染病增多；灰霾严重影响植物的呼吸和光合作用……

"大气灰霾" 主要诱发因素

在我国的部分区域存在着 4 个明显的大气棕色云区，第一个是黄淮海地区，第二个是长江河谷，第三个是四川盆地，第四个是珠江三角洲。这种由大气气溶胶云的形成、发展所造成的大气灰霾现象，使这四个区空气浑浊，能见度恶化。其中，广州珠江三角洲地区的范围虽小，但灰霾一年四季都存在，危害最大。

为什么会是这样呢？这首先是因为近些年来，广州及其周边区域经济建设规模的不断扩大，城市群的迅速膨胀所致，纵观珠三角地区，越来越多、越来越高的建筑群不断竖起，严重阻碍了风的水平流动，使污

染物横向稀释能力越来越差，空气质量逐渐下降；其次，由于城市化使得地表状况发生了重大变化，珠三角地区的上空长期存在一个逆温层，垂直方向的逆温现象，又导致了人类活动直接排放的大量粒子和污染气体等污染物滞留在低空，无法排放出去，使得广州长期笼罩在灰霾之中，能见度自然就日渐恶化了。

长期从事大气环境研究的首席专家吴兑研究员说，气象条件，尤其是大气边界层特征，是"大气灰霾"的主要诱发因素和控制因素。形成灰霾天气的大气气溶胶主要来源于自然排放和人类活动的排放，在一定的时间内，无论是自然排放还是人类活动排放的气溶胶粒子的总量都是大致稳定的。但为什么有时出现严重的灰霾天气，有时又没有出现或灰霾不严重呢？显然，这就是气象条件在起作用！

大气的自净能力可以控制灰霾

大量的观测事实和数值模拟研究结果表明，灰霾天气出现时，广州市位于气流停滞区内，一般都伴随着微风或无风、强日照和低相对湿度。严重的灰霾天气无一例外地都出现在边界层强逆温的情况下，逆温层如同一个锅盖，限制其内物质的扩散和稀释。而强冷空气南下影响广州时，在大的环流背景下，广州上空的逆温层消失，空气质量就得以改善。

显然，这也是一种大气的自净能力。我们可以充分利用大气的这种自净能力来达到控制灰霾的目的。在天气条件好时，允许正常的工业排放；而在天气条件不好时，控制（减排）或限制（禁排）各种人类活动和工业排放，如此就可以在一定程度上遏制灰霾现象！

建立灰霾天气预警机制

为了攻克大气灰霾这道难关，还广州市民一个蓝天白云，广东省气象部门的科研人员直面挑战，首先对广州地区的能见度与浓雾、紫外线辐射、云与降水物理结构、大气凝结核、大气气溶胶、降水化学与酸雨特征等进行了高时间分辨率的系统观测研究，其中使用的部分探测手段如显微数字摄像技术观测雾滴谱、数字摄像能见度仪、系留探空技术、双参数低空探空技术、热线含水量仪等在国内属先进水平。通过近四年的持续观测，科研人员掌握了丰富的第一手资料，并在此基础上进行详细、深入的分析研究，对大气灰霾有了比较科学的认识。大气灰霾已经成为当今环境与气候变化研究中一项重要内容，并且明确显示出：治理灰霾，迫在眉睫！

广州市副市长苏泽群和其他领导多次亲临广东省气象局，向气象专家了解广州灰霾天气的形成原因和现状，并与专家一起驱车广州郊县，追寻棕色云的边界，共同研究治理广州灰霾天气的方案。一份翔实的书面报告《尽快建立广州地区灰霾天气预警机制》已送交省人大，省市两级政府均表示，支持气象部门联合环保部门，迅速开展广州地区大气灰霾治理计划。

目前广州市已经制定了"广州市城市绿地系统规划"，根据此规划，2005 年，广州城市建成区绿地率将达到 32%，人均公共绿地面积达到 10 平方米，这种规划具有很强的科学性和前瞻性，既有绿化环境的考虑，又有"城市通风道"和降低热岛效应的考虑，通过规划的实施，必将会产生良好的生态效应，有效地遏制灰霾的肆虐。

（原载《气象知识》2005 年第 1 期）

令人郁闷的灰霾天气

◎ 魏维宽

　　近年来，人们时常发现天色灰暗，空气浑浊，似雾非雾，似烟非烟，严重时让人透不过气来，似乎进入了流感季节，呼吸道感染、鼻炎、流感病人增多……一时间，令百姓比较陌生的"灰霾"、"雾霾"等专业名词也在各类媒体上频频亮相。2008 年，广东省气象部门首开先河通过媒体公开发布灰霾预警信号，提醒有关方面加强预防。

　　然而，人们对雾和霾容易混淆。其实，大气灰霾（或简称霾）是由于空气污染加剧而形成的大气浑浊现象。霾和雾的核心物质虽然都是灰尘颗粒及汽车尾气等污染物，但两者的水分含量不同，水分含量较低者称"霾"，水分含量较高者则是"雾"。而在通常情况下，雾和霾关系暧昧，经常纠缠在一起，让人难以区分，人们往往统称为雾霾。值得注意的是，今天的雾，有时水滴已经很少，由二氧化碳、二氧化硫、二氧化氮等废气污染物形成的酸滴却很多。低湿度、高酸性的酸雾、灰霾及雾霾，不仅直接影响人体健康甚至威胁人的生命，还会在空中形成棕色云，遮天蔽日，使天空昏暗。联合国环境计划署不久前曾发表一份报告称，漂浮在亚洲上空的污染物就像巨大的棕色毯子——"棕色云"覆盖着亚洲各国，污染层厚约 4 千米，大大减少了太阳辐射量，改变着天气气候，使大气能见度恶化、呼吸道及传染病增多、农作物减产，直接影响该地区的经济发展。这里所说的"棕色云"，就是大气灰霾形成的棕灰色云雾。据观测，在我国中东部存在 4 个明显的大气灰霾区：第

一个是黄淮海地区,第二个是长江河谷,第三个是四川盆地,第四个是珠江三角洲。这些地区经常空气浑浊,能见度很差。伴随城市化的迅速发展,城市上空经常存在一个逆温层,导致人类活动及自然排放的各种污染物无法迅速散开,只好滞留在低空,使我们的城市常常笼罩在灰霾之中。由于城市的灰霾现象比市郊严重,所以被环境专家称之为城市"灰霾岛"或"雾霾岛"效应。

频繁发生的大气灰霾不仅给城市带来严重影响,同时也使市郊及农村等广大地区能见度恶化,污染雾增多,影响海陆空交通运输;使太阳辐射减少,小儿佝偻病高发;使空气质量恶化,诱发呼吸道疾病;使生物气溶胶更加活跃,传染病增多;严重影响植物的呼吸和光合作用,使农作物减产……

灰霾现象不仅可以控制,而且可以预防。办法就是节能减排、绿化大地,充分利用大气的自净能力。这是一项宏大的系统工程,需要个

人、集体、国家的共同行动，通过长期不懈努力，大气质量才能显著改善。我国已经制定了适应国情的可持续发展战略，在经济和社会发展规划中努力减缓污染物排放增长率。比如，努力控制人口增长率；鼓励并推广节能技术，努力提高能源利用率；大力发展可再生能源，采取措施增加利用水力、风力、太阳能及核能，逐步减少矿物燃料在能源结构中的比重；尽快将高温室气体排放的传统能源，转变为低排放或零排放的可再生能源；促进高耗能工业向服务业转移；开发、引进吸收高效节能环境友善技术；禁止森林砍伐，鼓励植树造林、还林还草；加强全民的环保意识，倡导节约能源的生产生活方式；治理土地荒漠化、发展生态农业等，提高吸收二氧化碳的能力。

大量事实证明，城市绿化不仅是城市建设的精华、魅力之所在，而且可以调节城市气候、消除污染、减弱噪声、美化环境、防灾减灾等，可以有效减缓城市热岛、灰霾岛现象，使空气清新，冬暖夏凉，为人们提供优质的空气环境和居住场所。因此，加大绿化投入，增加市区绿化和水域面积，有规划地进行植树种草，建造城市小湖景区，提高市区吸收污染物的能力，是保证城市持续发展的重要一环。目前，国际上已将城市绿地人均面积作为现代大都市的重要标准之一，而我国大部城市的绿地面积很小，低于人均 10 平方米的最低水准，而城市绿地面积的最佳标准是人均 50 平方米。

另外，还可利用大气的自净能力，控制污染物的排放。据气象专家分析，雾霾天气的短期变化与气象条件关系密切。一般情况下城市排放的废气总量是大致稳定的，但在某些天气条件下容易发生严重的灰霾天气；而在另一些天气条件下，却不易发生。因为气象条件不同，大气对污染物的容量不同，排入同样数量的污染物，造成的污染浓度便不一样。比如，对于风力大、通风好、湍流盛、对流强的地区和时段，大气扩散稀释能力比较强，可以接受较多的污染物；而在有逆温存在等恶劣气象条件下的地区和时段，大气扩散稀释能力较弱，不能接受较多的污染物。因此，气象部门应加强对灰霾、雾霾天气的观测和研究，制作和发布雾霾天气预报和警报，提醒有关方面采取有效措施，及时控制或限制人类活动和工业排放，便可在一定程度上遏制灰霾现象。

（原载《气象知识》2009 年第 2 期）

斯芬克司雕像损坏之谜

◎ 理查德·威廉姆斯 （Richard Williams）

　　埃及的巨大雕像斯芬克司是世界上最著名的古迹之一。在希腊神话中她是带翼狮身女怪的化身。传说她常蹲在一座悬岩上面，以智慧女神缪斯所教给她的各种隐谜询问过路人。如果过路的人不能猜中谜底，她就将其撕成粉碎并且吞食。后来，有个名叫俄狄浦斯的勇敢的青年人，爬上斯芬克司蹲踞的悬岩自愿解答隐谜。斯芬克司决定以一个她认为不可能答出的隐谜来为难这位年轻人。她说："在早晨用四只脚走路，中午两只脚走路，晚间三只脚走路，在一切生物中，这是唯一用不同数目的脚走路的生物。脚最多的时候，正是速度和力量最小的时候。"

斯芬克司雕像

俄狄浦斯听完这隐谜微笑着说："这是人呀！"并解释说："在生命的早晨，人是软弱而无助的孩子，他用两脚两手爬行。在生命的中午，他成为壮年，用两脚走路。但到了老年，临到生命的迟暮，他需要扶持。因此，拄着拐杖，作为第三只脚。"解答是正确的。斯芬克司因失败而感到羞愧，从悬岩上跳下摔死了。

这个传说给斯芬克司雕像披上了神秘的色彩。但是，斯芬克司雕像经历了4400年的风风雨雨，巨大雕像的石料在渐渐变质。特别是近几年，变质速度进一步加快了。因此，保护斯芬克司雕像已成为人们关切的问题。

石料变质的原因有各种各样。斯芬克司雕像是用大理石雕成的，它位于沙漠地带，所以，变质的部分一般来说是由于风吹雨淋沙打的侵蚀。可是，近年来，地质研究发现了大多数侵蚀损坏是由于大气中的相对湿度的周期性变化所造成的。这里所说的周期性变化是指在正常的情况下，每天早晨相对湿度比较高，傍晚则比较低。相对湿度的大小，主要取决于气温和当地的气象条件。

雕像的大理石具有一点多孔的结构，渗水性很强。并且石料中还含有少量可溶于水的盐类，其中一部分是石料本身具有的，另外部分是从沙漠或遥远的海洋中被风带来的气溶胶粒子。可溶性盐类在足够湿润的空气中容易吸收水汽，使石料中的固体盐变成了可溶性盐。当相对湿度降低到发生潮解作用的临界相对湿度值以下时，被溶解的盐又会变成固体盐。由于相对湿度的日变化，这种由固体盐变为可溶性盐过程反复进行着。而在每次固化过程中，石料微孔中的盐类都要接触孔壁，对孔壁产生很大的压力。这种作用天长日久就会使石料逐渐破碎，最终裂开。

可见，斯芬克司雕像日益损坏的原因，主要是空气中相对湿度的起伏变化，以及气流夹带的颗粒物盐类的综合作用所造成的。

（原载《气象知识》1986年第1期）

辉煌下的隐忧——都市光污染

◎ 江　厚

生态环境的污染是人们关注的焦点。而光污染在种类繁多的环境污染中是比较新鲜的一类，许多人并不熟悉。可是近年来城市里光污染逐渐蔓延并产生日益严重的危害，正在引起各方面的重视。

光污染主要是由近年来流行的新型建筑材料——玻璃幕墙引起的。在现代都市里玻璃幕墙正越来越多地被采用。豪华写字楼、大型商厦、星级酒店的外装饰所采用的大面积玻璃幕墙形成强烈的反射光、聚焦光，对人体产生异常影响。在此环境下生活，让人感到热得难受，眼睛受到刺激，使人头昏目眩、头痛、烦躁、失眠、食欲下降、情绪低落。光污染使居室内光线太强烈，照得明晃晃，人们得不到休息，尤其对老人、儿童的休息最为不利。盛夏时节，玻璃幕墙反射的强光常常使室内温度急剧升高，焦点温度甚至可达70℃以上，可引燃易燃物品，酿成火灾。

由金属构件和由镀铜、镍、铬玻璃板组成的玻璃幕墙，自1851年在伦敦工业博览会上第一次露面以来，已经有近一个半世纪的历史。1985年我国第一幢玻璃幕墙高层建筑——北京长城饭店落成。从此，造型美观、色彩华贵的玻璃幕墙日益受到我国建筑业的青睐，一座座玻璃大厦接二连三拔地而起。据统计，截至1998年上半年全国累计竣工的玻璃幕墙建筑面积已经有500万平方米。

挺拔的玻璃大厦带给我们的不仅是享受现代文明的自豪感，伴随而来的闪烁的反射光也给邻近居民带来诸多不便。1996年5月上海四川中路的30户居民向环保部门投诉，他们居民楼西面仅30米处的一幢高28

层的金融大厦，由于采用玻璃外墙结构，不仅使民居室内温度升高，而且不能向外远眺，不得不挂上厚厚的窗帘，严重影响了他们的生活。人们把这种使人感到心烦、憋闷，影响了身心健康的光线，称为"噪光"。

更加严重的是临街玻璃幕墙的反射光还会影响车辆行驶和人们的正常通行。本来光洁的路面、清晰的交通信号灯，现在变得斑斑驳驳、光怪陆离，令人眼花缭乱，分不清哪是真实的交通信号，严重影响驾驶员视线，成为事故隐患，甚至酿成交通事故。

据北京同仁医院眼科专家介绍：强光可对视力造成严重危害。长时间在强光环境下生活，由于受紫外线强烈反射，使角膜和虹膜都受损伤，当强光聚到视网膜，引起视网膜烧伤，强光刺激后，眼睛调节力减弱，导致视觉模糊，视力下降，白内障发病率增加。可见"噪光"污染的危害是不能忽视的。

令人欣慰的是光污染问题已经得到人们的关注。建设部正在制定设计安装玻璃幕墙的标准，有关法规将正式颁发。专家们认为，可以采用低辐射的玻璃，其反射率在 10% 以下，不会影响交通安全。国内目前玻璃幕墙光反射率最高的是 37%～38%，银灰色镜面玻璃反射率比较高。一般的镜面玻璃反射率为 20%～30%。标准中规定，某些地区某些情况下应少用或禁止使用高反射率的玻璃幕墙。此外，还可通过工艺技术使高辐射玻璃不产生对光线的干扰。

玻璃幕墙是现代科学的产物，美观、隔热、重量轻，特别适合高层建筑。对于在实际应用中产生的光污染问题，正在用提高技术含量降低反射率的方法加以解决。玻璃幕墙还要发展，不能因噎废食。可如何在文明进程中减少、避免对生态环境的破坏，将是人类永恒的课题，其中也包括科学合理地解决光污染问题。

（原载《气象知识》1998 年第 4 期）

人工白昼的忧思

◎江　厚

　　太阳落山，夜幕降临，形形色色的彩灯、建筑轮廓灯、霓虹灯、巨幅明亮屏幕、办公大厦的灯光顿时亮了起来，形成了一座座不夜城。商场、剧院、酒吧、书店，连桑拿浴室、小吃部的橱窗也都点起了明亮的灯，这种人工制造的"白昼"可称为"亮化工程"。这种工程首先在大城市兴起，形成了一大景观，现在许多中等城市，甚至小城镇也在效法。

　　"亮化工程"有许多好处，很多人从此步入了夜生活，给白天的上班族夜间购物、参加文化活动和就餐带来了方便，在丰富了市民和游客的文化生活、繁荣经济的同时，还展现了一座城市的现代化水平、夜景艺术风格和蓬勃的朝气，进而形成了一座城市繁荣的标志。不夜城的斑斓景观确实给人们带来了高品位的精神享受，是人们物质生活充分满足之后，人们在精神生活上的一种自然的向往和追求，它的出现使得人们的生活内容更充实，质量更高，更富有变化性。不夜城将是我国城市发展的一种趋势，特别是在节日期间的夜晚，美丽的城市夜景不仅给当地群众带来欢快愉悦的心情，也吸引着许多的中外游客。

　　但是，如果灯光照明设计不当，强光束倾泻如注，照射在居民楼上，会使得楼里的居民难以入睡。该休息时不能得到充分的休息，导致早晨起床后困意难消，白天上班工作效率下降。长此以往，将使人头脑昏昏沉沉，食欲减退，失眠，全身无力，精神不集中。尤其是脑力劳动者、科研人员、计算机编程和操作人员往往由于精力不集中，思路紊乱，而产生技术错误。

至于那些缭乱的彩光以及玻璃幕墙等光面建筑装饰材料都可在夜间强光照射下发出色彩斑斓的反射光线，使人头晕目眩，给夜间开车行驶的司机以突然刺激，来不及反应而诱发车祸。在舞厅、酒吧、夜总会里安装的黑光灯、旋转灯、荧光灯以及闪烁不停的彩色光源构成了另一种彩光污染。据测定，黑光灯所产生的紫外线强度大大高于太阳光中的紫外线，其对人体有害影响的时间将持续很长。人们因彩光污染而诱发疾病的症状多为头晕、恶心、呕吐、失眠、流鼻血、白内障，甚至导致其他病变。

其次，人工白昼也影响着生态平衡和环境保护。由于"亮化工程"的范围不断扩大，不论白天黑夜到处都是明晃晃的，这就破坏了原来自然界里周期性的明暗变化规律，明亮时间大大延长，黑暗时间大大缩短，而且变得没有规律和节奏。而自然界里大多数生物，比如鸟类和昆虫体内都有着随外界光线强弱变化而交替活动和休息的生物钟。生物钟一旦被破坏，其正常的生活即被扰乱，不仅不能休息，昼夜鸣啼，甚至破坏了它们在夜间的正常交尾繁殖过程。那些喜欢黑夜中出来觅食的鸟兽，因为天空明亮而不能正常出来觅食，只好靠消耗它们的体能，因而影响了它们的寿命和传宗接代。许多花草树木也是依赖有节奏的明暗光照而生长发育的，如果到处是长时间的强光刺激，那些喜欢短光照、弱光照的植物就失去了符合生物节律的环境而不能正常生长。在一定范围内，暗期越长，开花越早。如果在长光照条件下，这些植物则只能进行营养生长，只长茎叶而不能开花结果。植物由于光明与黑暗的交替及其时间长短而产生的光周期现象将影响着它们的生长发育。光照太强会引起植物叶绿素分解过多，导致失绿，使光合作用的速度和效率降低而不利于街道、公园的树木、草坪、观花植物的生长发育，不利于城区园林

绿化。由此可见，人工白昼将影响着自然界的生态平衡和环境，进而影响着人类的生活。

为了防止光污染，可以采取各种措施。比如，为了防止人工白昼造成的妨碍休息的环境，可以拉起防光照窗帘；为了防止强光过度刺激眼球，可以戴上调节视力、减弱光照的眼镜，少去眼花缭乱的舞厅；在观看美丽的夜景时，经常注意眼睛的休息，避开强光的照射，防止眼睛的过度疲劳。

最重要的是对"亮化工程"的设计与管理制定出切实可行的环境保护标准。城市亮化是一种发展趋势，随着城市夜景观的迅速发展，有必要制定夜景观照明技术标准。诸如，灯光艺术设计、色彩搭配、光源布局、照射方向、各色光采光强度、颜色转换速率、亮化分区及时间等诸多方面都应当有明确而具体的规定。产生光污染、光干扰的夜景观多数是由不科学的设计、施工工艺和光源不当引起的。可喜的是，天津市已经颁布了我国第一部夜景观照明技术规范，这是我国城市"亮化工程"走向科学的第一步。各个城市在"亮化工程"中都应当有自己的准则，以提高人们的生活质量，防止光污染所造成的危害，使人们真正享受到光学技术带来的文明。

（原载《气象知识》2001 年第 5 期）

地质灾害

石达开折戟大渡河之谜

◎ 姜永育

太平天国运动是我国近代史上规模最大的一次农民起义，它的结局悲壮而震撼人心。其中，太平军最杰出的领袖人物石达开在四川西部的大渡河兵败折戟，令人扼腕叹息。

英勇善战、用兵如神的石达开，为何会被一条河流阻挡而导致兵败、造成全师俱损？这其中有着什么鲜为人知的秘密呢？

误入绝境

石达开是太平天国将领中一位英武天纵的优秀统帅，他曾带领太平军纵横神州大地，多次用奇兵大败清军，令敌人闻风丧胆。但随着军事胜利和个人威望的上升，石达开遭到了天王洪秀全的猜疑，负气之下，他选择了率军离开天京，踏上了与洪秀全分道扬镳的道路。

石达开先后率军转战于广西、湖南、云南等省，但因孤军无援，军事上屡屡受挫，队伍人数不断减少。1863 年 4 月，石达开率兵三四万人，从云南巧家渡金沙江入川，欲实现多年来"先行入川，再图四扰"的战略方针。进入四川后，在复杂地形和敌人的疯狂进攻下，石达开军队仍然作战不利，人数一减再减。5 月，节节败退的石达开军队进入到了四川境内的紫打地（今石棉县安顺场）。石达开希望渡过大渡河后挥师北上，攻占雅州（今雅安），而后直逼成都。

但当时石达开兵败退到大渡河畔的紫打地时，已是穷途末路：既无援军，又无粮草，仅剩的几千败兵疲劳至极。而前后堵截的敌人又不断进行骚扰、袭击，损失不断扩大。

而最大的危险，即后来导致石达开全军覆没的最大敌人，却是天堑大渡河。因为它的阻挡，石达开遭到了前所未有的败绩，并因此投降被俘，就义时年仅33岁。

大渡河，是如何让石达开全军折戟的呢？

天堑大河

让我们先来看看大渡河所处的地理地形和气候环境。

大渡河

大渡河古称"沫水"，发源于四川青海交接的果洛山（海拔5369米），雪山融水一泻千里，击穿大雪山、邛崃山、大相岭、大凉山和峨眉山，流经阿坝、甘孜、雅安、凉山等地区注入岷江，全长1150千米，自源头到河口的总落差达到4177米。由于落差巨大，大渡河两岸高山

耸立，河道陡峭险峻，激流汹涌，险滩密布，河道宽处可达1000多米，水深7~10米，自古便被人们称为"天堑"。据雅安《雅州博览》记载，大渡河畔的紫打地（安顺场）一带"地极陡峻，有宏观万山之壮"，重重大山群峰叠嶂，山高路险，有的地方两山相夹，"天无席大"。

除了地形险恶外，大渡河一带的气候十分复杂，变幻无常，特别是夏季，该流域常发生强烈降水，引发滚滚山洪，造成河水猛涨，泛滥成灾。同时，由于紫打地所在的山区山体结构疏松，地质状况不稳，经常因强降水引发泥石流、山体崩塌等气象次生灾害，致使河道堵塞、交通道路被毁等。5月底，石达开军队进入到紫打地时，正是春末夏初季节，大渡河一带天气莫测，暴雨、冰雹、大风、泥石流等灾害频繁发生。

不过，纵使大渡河所处的地理地形和气候环境多么复杂，如果上游地区没有强降水发生，一般情况下河水并不暴烈。1863年3月，石达开部下的先遣将领赖裕新奉命入川作战，就曾从容率部渡过了大渡河（不久即战死）。由此可见，枯水期的大渡河并不可怕，石达开若是在枯水时期抢渡，大渡河断不能阻住他的步伐。

那么，石达开军队5月底到达紫打地时，大渡河水是怎样一种情形呢？

暴雨阻渡

石达开军队到达紫打地，并在当地驻扎下来。当时太平军所处的形势是这样：北面是大渡河，只要抢渡成功，即可向雅州（今雅安）一带进军，从而威逼成都；南面则是高山峻岭，万重大山，根本无路可退；右侧有越西部重兵把守，由于山路狭窄，沟壑纵横，再加上敌人用檑木滚石将道路完全堵塞，作战对太平军十分不利；左面是一条叫松林河的小河，渡过河即可进入泸定，但敌人已早有防范，且西行粮草奇缺，对太平军以后发展不利。

在经过深思熟虑之后，石达开决定抢渡大渡河。在太平军到达前期，大渡河水并不大，水势也不凶猛。此时，当地及上游地区已多日未有降水，因此，河水只是比枯水期稍大而已。见此情景，石达开召集众将商议，并命令士兵扎木筏上百只，准备第二天抢渡。

岂料当晚，紫打地一带黑云密布，闷热异常，半夜时分，狂风大作，铺天盖地的冰雹袭来，打得人们不敢在外停留，少顷之后冰雹停止，天空又下起了倾盆大雨。雨水很快湿透了营帐，军营中的军士衣裤被褥全被雨水打湿，苦不堪言。这天晚上，不仅紫打地一带狂风暴雨大作，大渡河上游的很多地区都同时下起了罕见的大雨或暴雨。

狂风暴雨持续了整整一夜。第二日，当石达开及其部下来到河边时，不禁倒吸了一口凉气，只见昨日温顺乖巧的河流不见了，呈现在面前的是一条奔腾怒吼的黄龙：滔滔河水浊浪排空，激流翻滚，吼叫如雷，大浪激起竟有十多米高。看到如此情景，渡河将士无不面呈惧色。但此时敌人援兵正四面聚集，形势对太平军越发不利。为抢占先机，石达开咬牙下令抢渡。渡河时，很快就有一大半木筏被滔天浊浪打翻，落水将士无一幸免。再加上对岸的清军不断用火炮轰击，激起的大浪更是几乎将剩余的木筏打翻，落水者不计其数。

太平军死伤惨重，眼见渡河无望，石达开慷慨悲歌，吟下了这样的诗句：苍天意茫茫，群众何太苦。大江临我前，临流曷（何）能渡？

当时还有一线希望：那就是抢渡紫打地西面的松林小河。若渡河成功，则可暂时避开前堵后追的敌军，进入泸定休整。

岂知，未被太平军放在眼里的松林小河，在一夜暴雨之后，成了横在大军面前不可逾越的一道障碍。

泥流拦挡

松林河，是大渡河的一条支流，它发源于紫打地附近的雪山。这是

通往甘孜州泸定方向的一条小河，河面最宽处不足百米，而最窄处仅三四十米。这条河流最大的特点是水温奇低，寒冷刺骨。之所以如此，是因为松林河距海拔 7590 米的贡嘎山不到百里，高山化雪之水倾泻而下，因此造成河水奇寒无比。有人据此推测，当年石达开抢渡大渡河失利后，之所以没有向西抢渡松林小河，就是因为河水温度太低，太平军将士不敢下水而失去了最后的生机。

其实，水温过低只是一个次要原因，而最主要的原因，是那夜暴雨引发的特大泥石流断送了太平军。

据记载，当年石达开到来时，松林河对岸有清军千户王应元的士兵守卫，士兵拆去了松林河吊桥。为迷惑石达开军队，王应元还将竹篾编的晒席裹成筒，用墨染黑，做了上百个"炮筒"，石达开起初以为是大炮，所以军队始终不敢动。直至抢渡大渡河失利后，太平军才准备孤注一掷，冒险转攻西面的松林小河。但前哨部队到达河边时，不由惊呆住了：只见松林小河也是一片浊浪滔天，猛烈的洪水还引发了特大泥石流，河岸两旁山体垮塌，昨日还是几十米宽的河面，此时已扩展成数百米；河中数百千克重的山石随洪水翻滚，"轰隆隆"的响石声令人惊心动魄；在洪水的强力冲刷下，河岸还在不断垮塌，不断扩大……义军将士别说过河，连望一眼也是心惊胆战。见此情景，石达开不由对天长叹："天亡我也！"

困境之中的石达开，被迫作出了一个痛苦也是大义凛然的抉择。

将星坠落

前有天堑阻隔，后有强敌追杀，石达开全军陷入进退两难的境地。当时民谣唱道："朝西走松林河千户阻挡，往东走陡坎子百仞高山。向北进唐（友耕）总兵虎踞铜河，欲南撤黑彝儿（彝族）榾木蔽天。"

在经过一番痛苦的思想挣扎之后，眼见大势已去，为了保全两千多

将士的生命,石达开大义凛然,携带宰辅及两岁的儿子到清营投降,束手就擒。6月18日,他和幼子被押解到成都,后在成都英勇就义。而大渡河畔的两千多太平军将士仍全部被害,鲜血染红了滔滔河水。

如今,一百多年过去,人们回顾那场惊心动魄、充满血雨腥风的战争时,都把石达开的失利归罪于天堑大渡河,其实,仔细分析一下,真正的罪魁祸首应该是恶劣的天气——是那场一百多年前的暴雨和暴雨引发的泥石流导致了石达开全军覆没。

(原载《气象知识》2008年第3期)

解读四川特大山洪泥石流

◎ 川　西

2010 年 8 月 12—22 日，由于连续性强降雨袭击，四川遭受了特大山洪泥石流灾害，特别是地震灾区泥石流灾害尤为严重。据四川省政府新闻发布会称：此次灾害，是新中国成立以来四川最严重的地质灾害。

触目惊心的灾害

特大山洪泥石流灾害，从 8 月 12 日开始肆虐天府大地，范围几乎涵盖了四川所有"5·12"地震重灾区。

8 月 12 日深夜，四川省绵竹市清平乡一带暴雨倾盆，惊雷震天，短短 2 小时内，当地降雨量便达到了 220 毫米。13 日凌晨 1 时，伴随着一阵"轰隆隆"的巨响，滚滚山洪从河谷间汹涌奔出，在山洪的裹挟下，600 万立方米特大山洪泥石流咆哮着，以迅雷不及掩耳之势袭向清平乡。山洪泥石流所到之处，庄稼被淹，家园被毁，许多灾后重建的居民住房以及学校、医院等楼房被埋。所幸当地政府提前接到气象预警消息后，连夜组织转移，全乡共转移群众 5000 多名，其中受灾最重的棋盘村 4 组、圆包村 1 组、盐井村 3 组共紧急转移 400 多名群众。

8月13日晚，四川省阿坝州汶川县映秀镇出现特大暴雨。在猛烈强降水袭击下，14日凌晨，映秀镇烧火坪隧道口突然传来惊天动地的巨响，数万立方米泥石流从山顶直冲而下，直接冲进岷江，将滚滚岷江几乎拦腰截断。河水受阻，从侧面翻滚直接冲向映秀新镇，一霎之间，灾后新建的美丽小镇洪水汹涌，险象环生。凌晨5点，洪水淹至该镇部分安置房二楼，许多被困人员被迫逃往房顶和山上避难。

与此同时，地震灾区的绵阳安县、广元青川、成都都江堰等地，也受到了山洪泥石流的肆虐，数十万群众紧急转移，被迫背井离乡逃避灾难。第一波强降水于14日结束后，17日和20日，第二波、第三波强降水再次袭击四川，山洪泥石流灾害再一次加剧。据四川省政府新闻发布会公布的灾情，截至8月19日17时，四川全省已有14个市（州）、67个县（市）、576万人受灾，共发生较大规模的地质灾害75处，因灾死亡16人，未联系上人员66人。全省因灾直接经济损失约68.9亿元，转移群众39.4万人。

大地震埋祸根

据分析，此次四川特大山洪泥石流灾害，最主要的原因是"5·12"大地震埋下的祸根。

泥石流，是大量泥沙、石块和水的混合体沿沟道或坡面流动的现象。泥石流暴发突然、来势凶猛，具有很大的破坏力。四川的地震灾区，历来都是泥石流高发区。2003年7月12日，四川甘孜藏族自治州丹巴县一个叫"美人谷"的地方，就曾发生过特大泥石流：在"美人谷"的一个农家院里，几十名游客和主人一起，正在跳快乐的"锅庄"舞。夜色渐深，"美人谷"一带下起了大雨，然而人们舞兴未尽，继续

回到屋内跳舞。不一会，后山响起了"轰隆隆"的巨响，响声越来越大，越来越近，铺天盖地的泥石流像一条泥龙从山上直冲下来，势如千钧，横扫一切。泥石流过处，房屋被埋，庄稼被淹，道路被毁，到处是一片泥土和沙石。那次灾难，造成50人失踪，1人死亡，使人们深刻认识到泥石流的可怕，有人形容：泥石流猛于虎！

2008年5月12日汶川大地震发生后，四川地震灾区山体结构变得十分脆弱，而且地震造成大量的山体滑坡和岩石垮塌，这些垮塌下来的泥土和石块，一旦遇到强降水天气，就会形成凶猛可怕的泥石流。据统计，地震之后，仅汶川县地质灾害点便高达701处，比地震前增加了近5倍。

汶川大地震发生后造成的灾害隐患点增多，使得泥石流发生的区域范围更广泛，任何不起眼的地方，都有可能发生严重泥石流灾害，此外，泥石流发生的触发条件更低，震后泥石流暴发的临界水位比以前降低了1/3，有的甚至降低了1/2，可谓处在"一触即发"状态；同时，泥石流的突发性更强，往往在大雨后一到两个小时，甚至20分钟就会暴发。

强降水是诱因

大雨倾盆，山洪暴发，在山洪的裹挟下，大量泥土石块随之便会形成汹涌的泥石流。因此，强降水，特别是突发性强降水和持续性强降水，是山洪泥石流灾害的最大诱因。

在此次四川灾害最为严重的绵竹清平、汶川映秀、都江堰龙池等地，均是强降水最为集中的区域。据统计，今年入汛以来，四川地震灾区平均降水量达600毫米以上，较常年同期偏多18%，而8月上旬和中旬，地震灾区平均降水量高达241.4毫米，较常年同期偏多98%，降水量是去年同期的1.62倍，是前年同期的1.93倍。8月12—15日、17—19日、20—22日，四川盆地先后出现了区域性暴雨天气。在短短的10天内，先后遭遇3场区域性暴雨袭击，实属历史罕见。而这些强降水，主要发生在地震灾区，如8月17—19日，绵竹市的最大日降水量达到了292.5毫米，突破了历史极值。

强降水冲击，一方面直接造成山体上的泥石垮塌，为山洪泥石流发生提供了条件，另一方面形成洪水，在山区陡峭的地方，洪水裹挟泥石直冲而下，便形成了可怕的泥石流灾害。

如何防御山洪泥石流灾害

在此次四川特大山洪泥石流灾害中，各地根据暴雨预警，提前组织群众转移，避免了大量人员伤亡。这一成功避险的事例再次告诉人们，防范山洪泥石流灾害，首先要关注气象预警预报。

由于山洪泥石流灾害往往是局地强降水引发的，所以，关注强降水天气预报，是躲避地质灾害的首要条件。广大群众可以通过电视、广播、手机短信、96121声讯电话、网络、新闻媒体等方式，提前知道预警信息，作好防灾救灾准备。

野外遭遇泥石流，如何避险呢？对此，专家提出了几点建议：一、沿山谷徒步，一旦遭遇大雨，应迅速转移到安全的高地上，不要在谷底过多停留；二、注意观察周围环境，特别留意是否听到远处山谷传来打雷般的声响，如听到要高度警惕，因为这很可能是泥石流将至的征兆；三、野外露营，要选择平整的高地作为营地，尽可能避开有滚石和大量堆积物的山坡下面，更不要在山谷和河沟底部扎营；四、发现泥石

流后，要马上向与泥石流成垂直方向两边的山坡上面爬，爬得越高越好，跑得越快越好，绝对不能往泥石流的下游跑。

（原载《气象知识》2010 年第 5 期）

登山有意　雪崩无情

◎ 王玉萍

　　大雪覆盖的高山上，积雪像银色的河流一样飞落直下，这就是白色恶魔——雪崩，它不知吞噬了多少无辜的生命。

　　2002 年 8 月 7 日，北大登山队（山鹰社）在利用暑期攀登西藏希夏邦马西峰途中，在海拔 6700～6800 米即将到达顶峰时，遭遇雪崩，就此，5 名风华正茂的北大学子，在圣洁的雪山上长眠了。

关于雪山的梦想

　　北大登山队是全国高校中首家以登山、攀岩活动为主的学生团体，自 1989 年成立以来先后 15 次登过西藏、青海、新疆的 12 座雪山。

　　这些英才学子，为什么要冒着生命危险去爬雪山？请听北大山鹰社《社长寄语》："一切的起因和结果，都是那个关于雪山的梦想。关于登山的故事永远难忘，当你凭着自己的双腿一步步走向高处，俯瞰大地时，内心的激荡或者恬静，欣喜或者坦然，高兴或者悲伤，所有的感觉都变得非常真实，那是因为你的付出……"

　　正如北大山鹰社的座右铭："存鹰之心于高远，取鹰之志而凌云，习鹰之性以涉险，融鹰之神在山巅。"

　　在《北大山鹰社关于 2002 年暑假攀登希夏邦马西峰的申请》中 15

名前往队员写道："13 年来，北大登山队成功攀登了 10 余座 6000 米以上的雪山，积累了丰富的登山经验。暑期将至，遥远而圣洁的雪山又向我们发出了召唤。"

据此次登山队队长刘炎林介绍，北大登山队自 7 月 24 日建立大本营一直到 8 月 2 日，天气状况良好，登山队一鼓作气，将路线修到 6600 米的雪地上，建立了一号、二号营地，并将三号营地的物资运送到路线末端。自 3 日起，天气状况不稳定，降水增多，全体队员下撤休整。从 4 日起，登山队分 A、B、C 三个组开始新一轮的行动，其中 A 组队员要承担修路和率先冲顶之重任。到 7 日上午 11 时，B 组通过步话机与 A 组联系，被告知正在三号营地以上的两块巨石间修路，感觉很冷，以后便失去了联系。

8 日、9 日连续两天内，其他两组队友向上攀登搜寻，发现三号营地往上的路线上没有任何脚印，保温钢瓶里的水是冷的，终于在两块巨石下的雪崩痕迹处发现了两名队友的遗体，四处搜索，未发现其他生还者。至此，他们不得不确认 A 组的 5 名队友因遭雪崩全部遇难。

西藏登山协会在 8 月 12 日的报告中说，"此次事故发生在海拔 6700～6800 米处，即将到达顶峰时遭遇了雪崩，是大自然不可预测、不可抗拒的因素造成的"。

雪崩折断了"山鹰"的翅膀

希夏邦马峰海拔 8012 米，坐落在喜马拉雅山脉中段，是世界上 14 座 8000 米级高峰中的最后 1 座。

"希夏邦马"藏语意为"气候严酷"。每年 6 月初至 9 月中旬为雨季，强烈的西南季风造成降雪频繁，云雾弥漫，冰雪肆虐无常，登山时能见度较差，更由于气温相对高，山上的积雪非常容易融化松动形成雪崩。

中国登山协会秘书长于良璞先生介绍说："来自前方信息反映，出事前一天雾气蒙蒙，可见有降雪，大量降雪之后，比较容易发生雪崩，所以，登山有个规矩，新雪3天后不能行军。"

他还告诉记者说，希夏邦马山区海拔7000米以上的山峰有7座，其中西峰是日本大分县山岳会登山队1982年5月17日首次攀登成功的，当时，两人登顶，其中一人下撤时在海拔6800米滑坠失踪。

1982年以后，再没人攀登过这座山峰。北大之所以选择这座山峰是为2003年攀登海拔8012米的希夏邦马峰做准备。

希夏邦马峰是我国境内比较靠南的山峰，降水量较大，雪崩发生比较频繁。1991年，中国地质大学登山队在攀登希夏邦马峰时曾遭遇雪崩，所幸全部逃生。1999年，美国著名登山家阿里克斯洛也是在希夏邦马峰因为雪崩遇难的。夏季，正是希夏邦马峰地区降水量比较大的季节，出发前，于良璞曾提示这种天气特点不利于登山。中国登山管理中心也因此不同意北大登山队的决定。但暑假对于北大登山队来说却是一

个很好的时机。

北大学生不合天时的选择，上演了不可挽回的悲剧。

青春、热血、雪崩、生命。这些惊人的、相似的、跳动的、悲壮的字眼，因为 5 位北大学生的长眠，又一次无情地撕破了人们封存已久的记忆，再一次让我们重新撩开"白色恶魔"的神秘面纱。

其实，在雪崩中遇难者已不鲜见。1983 年 8 月 2 日凌晨，8 名欧洲登山运动员攀登意大利一侧的勃朗峰，当攀登到距峰顶 150 米时，发生了严重的雪崩，使 8 名运动员沿雪体滑行了 1300 多米，葬身雪海。

1991 年 1 月发生了同样不幸的事件。云南西北部传出了噩耗，中日联合登山队，在梅里雪山遭遇雪崩袭击，17 名运动员（其中中方 6 人，日方 11 人）献出了他们的生命。原来那一天，队员们在离峰顶不远处遇上了暴风雪的阻挡，于是不得不停下来，在崖边扎下营地等待天气变晴再继续前进，谁知那场暴风雪已持续了整整 3 天，疏松的新雪堆积在早已冰冻硬结的雪坡上，在厚厚的新雪层的压力下，一场可怕的雪崩发生了。就在这个夜晚，当疲乏的登山队员都睡着了，忽然山上的积雪滚滚而下，掩埋了登山健儿们年轻的生命。

在欧洲阿尔卑斯山区和北美落基山区每年都要发生数千次雪崩。在瑞士、奥地利的阿尔卑斯山区，人口稠密，雪崩威胁尤大。在奥地利、瑞士和日本都曾报道过，每年那里都有数十人死于雪崩。雪崩发生时，能摧毁房舍、桥梁、汽车，堵塞公路，造成交通停顿，经济财产损失相当可观。

撩开雪崩的神秘面纱

何为雪崩呢？在中高纬度山区覆盖着多年积雪的山坡上，由于大量积雪，在坡度较陡，或者岩石较为光滑的地方，积雪本身向前滑动分力大于下垫面摩擦力的时候，就会发生雪的滑坡和雪的崩塌，这就是雪崩。根据研究，雪崩一般可分为两类：第一类叫冷雪崩，或称干雪崩。一般都发生在隆冬严寒和气温骤降的时候，积雪大都是覆盖在冰面上，干雪向下流动好似粉状"瀑布"。第二类称为暖雪崩，是比较湿的雪造成的雪崩。它有时会结成整块向下滑落，其破坏力可想而知。

雪崩的发生一般事先都没有预兆，但都有激发原因。例如，大风降温以及融雪天气。此外，轻微的地震、火车的震动、人的走动，有时甚至在山里大叫一声，无情的积雪就会倒塌下来（根据文献记载，瑞士阿尔卑斯山有些地方曾明令禁止居民高歌），以致许多山民至今仍相信"山里的妖精"、"可怕的白骨精"等传说。

根据研究，雪崩的产生与一定的气象条件密切相关。

平均来说，积雪深度超过30厘米，新雪的深度超过40厘米就有可能发生雪崩，超过70厘米就经常发生雪崩。当然雪崩与坡度也有关系，平均坡度为45度的地方是雪崩的主要发源地。雪崩大都发生在降雪期间或雪终止以后，并以新雪崩为主。这种雪崩规模很大，发生高度也不固定，只要有大雪，任何季节都可发生。

气温会影响积雪的温度从而影响积雪内部的物理力学特性。雪崩发生时间，一般与当日的最高气温出现时段相接近，这是因为由于气温上升引起了融水润滑作用和上面所说的雪本身物理性质变化的结果。

由于大风能够搬运雪粒，吹雪作用可使山的迎风坡积雪减少而山的背风坡积雪增大，从而使背风坡雪崩频数增加，雪崩危险期延长。

当然，每次雪崩的形成可能总有两个或两个以上的气象因素起主导作用。目前的雪崩预报主要是根据积雪场的特征和天气条件，特别是积雪区的温度、风速和降雪量而做出的。

人类走在征服雪崩的道路上

雪崩的威力如此之大，破坏力之强，给人类造成的灾难如此惨重，它能根治吗？怎样在雪崩中逃生呢？

为了迎战高山"白色恶魔"的威胁，全世界近几百名专家，在这一领域里冒着生命危险，发奋地工作着。

科学家制定了使用声浪震动，清除危险地段新鲜积雪层的方法，在人们经常通过和登山路线的前方，使用大炮轰击和开枪等方法，促使雪崩提前爆发。

有人设计了一种救生气球，在遇险两秒内气体就能充满气球，气球把遇险者吊升到低空，躲过沿坡滚落的雪崩袭击。还有人发明了雪崩预报器，它可以判断雪崩发生的时间和位置。此外，也有人设计出一种微型收发机安装在登山的靴子上，一旦遇难者被掩埋在雪内，立即可以发出电波，向援救人员指示自己被埋的确切位置。

为了整治雪崩，有的国家在交通线路沿线采用石料或钢筋混凝土建起阻挡雪崩的走廊，以保持道路畅通；也有人在雪面喷撒化学药剂，如喷撒亚磷酸盐，可以促使积雪迅速融化，使雪崩根本无法发生。目前防止雪崩的许多方法还在研究中，人们已经掌握了越来越多的本领，用以战胜这个可怕的高山"白色恶魔"。

俗话说"人算不如天算"，如果未能避免雪崩的袭击，又该如何在灾祸中逃生呢？

如被卷入雪崩，应在移动的雪流中勇猛地反复做游泳动作，力求浮到雪的表面上。因为雪崩停止后手脚被积雪重压，难以活动，时间一长人就会窒息而死，所以应尽量在雪流移动期间浮出雪面，在雪崩停止后就可以顺利获救。

若不幸被大雪覆盖，首先应避免直立，而应平躺，用爬行姿势在雪崩面的底部活动。丢掉包裹、雪橇、手杖或其他累赘物品，覆盖住口鼻部分以避免被雪堵住。休息时尽可能在身边造一个大的洞穴，在雪结冰前试着到达表面。当听到有人来时大声呼叫，争取尽早得到帮助，脱离危险。

雪崩是一种突发性很强又不能人为根除的气象灾害，在进行高山滑雪和登山运动之前，了解气候和天气情况是准备工作中不能轻视的因素，必须避免在雪崩多发的季节或不利的天气条件下进行这类运动，毕竟只有避开危险天气的突发事件，人们才能感受到雪山的无穷魅力。

（原载《气象知识》2002 年第 5 期）

解读 3·13 果子沟雪崩

◎ 潘继鹏　刘成刚

　　2008 年 3 月 13 日 10 时，位于新疆伊犁哈萨克自治州霍城县果子沟公路段的塔里萨依沟内，在国家"西气东输"工程 2 期隧道口发生严重雪崩事件。突如其来的雪崩将正在当地组织施工的西气东输二线的一支队伍吞噬。

人间仙境频发雪崩

　　果子沟雄踞于天山西部的关隘之中，是进入伊犁谷地的陆路咽喉要道。这里不仅地势险峻，绝顶至谷底公路盘旋曲折，而且四季云杉墨绿，雪峰高耸，飞瀑宣泄，有伊犁第一美景之誉。当年全真派真人邱处机应成吉思汗之邀进西域路经此地，曾赋诗："金山东畔阴山西，千岩万壑横深溪。溪边乱石当道卧，古今不许通轮蹄。前年军兴二太子，修道架桥彻水溪。今年吾道欲西行，车马喧阗复经此。"又曰："银山铁壁千万重，争头竞角夸清雄。日出下观沧海近，月明上与天河通。"果子沟的险奇和秀美，可见一斑。清代林则徐流放新疆，进入沟中，不胜感叹"如入万花谷中"。

　　然而，就是这样一处人间仙境，却是"白色死神"——雪崩灾害频繁游弋光顾的夺命之沟。

312 国道果子沟段是进出伊犁的主要陆路通道，每年的冬季果子沟段及其周边地区都有不同程度、不同频度的雪崩发生。有资料表明，1954—1994 年间，这里就发生过 8 起灾难性雪崩，夺去 20 多人的生命。1994 年 3 月 10 日下午，国道 312 线果子沟路段发生一起雪崩灾害。雪崩穿越河床、冲上对岸的公路，600 米路段被埋，雪崩雪深达 15 米。一辆中型轿车被埋，17 人遇难，当 6 天后被挖出时，竟有 3 人依靠吃雪奇迹般地活了下来，创造了生命的奇迹。同一天 10 时左右，果子沟白土坡附近雪崩，近百米路段被埋，雪深 4 米，造成果子沟道路中断，2400 多辆客货车、7000 多名旅客和 1 万多只转场牲畜被困途中。

果子沟为何屡遭"白色之吻"

该地段的雪崩，仍主要取决于冬季降雪量和降雪的次数。按照气象学定义，当观测站视野范围之内二分之一以上的地面被雪覆盖时，才被确认出现了积雪。而深厚的积雪和陡坡是雪崩形成的必要条件。雪崩的物质基础是山坡的积雪，不稳定积雪的滑落就称为雪崩。从季节来分，新疆天山的雪崩分冬季雪崩和春季（融雪期）雪崩，不同季节的雪崩各有特点。冬季雪崩主要由于积雪深厚，或者一次强的降雪过程诱发。春季雪崩则不同，主要是因为随着时间的推移，积雪从雪花变质为深霜引起的。

北方人都有这样的经历，冬春季在较厚的积雪上行走时，脚底下的雪层时常突然沉陷，这就是深霜在作怪。深霜是在积雪过程中形成的，雪层内部始终存在水热的交换，或者说是能量的交换。隆冬季节，积雪的表面温度相对较低，可以达到零下 20 多摄氏度，土壤和积雪的交界处温度在 −3~0℃ 之间，如果积雪深在 50 厘米左右，就形成较大的负

温度梯度。在负温度梯度作用下积雪发生变质，雪的晶体发生改变，促进了底层深霜的发育，抑制了积雪的密实化过程，积雪晶架间的链接紧密度发生改变，其力学强度低，持水性差。因此，春季融雪季节，融雪期异常短暂，融雪洪水迅速，雪崩相对集中。而负温度梯度变质作用是新疆西部天山积雪的一种主要变质作用。这次果子沟的雪崩属于春季湿雪雪崩。雪崩的发生除了受积雪特性影响外，还有其他一些因素影响积雪的稳定，如可能产生雪崩的山坡倾角、坡向、地表粗糙度等地形因素，降水、地震等外部驱动因素。可以从雪崩形态、雪崩变化因素、根据雪崩危害来分类。根据雪崩的形态特征，按雪崩的起始方式雪崩分为软雪雪崩和雪板雪崩，按滑动位置分为全层雪崩和表层雪崩，按路径分为沟槽雪崩和坡面雪崩，按运动形式分为粉状雪崩和粥样雪崩，按雪堆中的含水量分为干雪雪崩和湿雪雪崩。干雪是含水率低的雪，像面粉一样，而湿雪的含水率高，用手可以将雪轻易地捏成团。干雪雪崩多发生在入冬后到隆冬季节，湿雪雪崩多发生在春季融雪季节。

大量观测数据表明，新疆天山山区，入冬至隆冬期间的雪崩多发生在大于 38 度以上的山坡，而且雪崩多发生在沟槽的部位，小于这个坡度时积雪相对较稳定，不易出现雪崩，这类雪崩被称为沟槽雪崩。发生沟槽雪崩的几率较大，这是因为积雪在风的作用下重新分布，山坡凸起的地方积雪被吹向凹下的地方，使积雪增加；迎风坡积雪被吹走，背风坡积雪增多。故背风坡沟槽积雪深厚，多雪崩。在面向太阳的阳坡，由于太阳的辐射作用积雪融化，多雪年份会发生雪崩，少雪年份待融雪季节到来时积雪已经消融，地表裸露。对于阴坡的沟槽部位，积雪往往深厚，在隆冬前不会发生崩塌，而在春季融雪季节会发生全层雪崩，并且夹带石头、土块等物。不难认为，果子沟这次雪崩也属于沟槽雪崩。

专家分析概括认为，"3·13"雪崩有四大诱因：雪厚、风大、升温和机械震动，雪崩是在其共同作用下引起的。3 月 9—10 日，果子沟普降大雪，当时风力达 9 到 10 级，山上的雪被吹到施工附近又窄又陡的山沟里，造成积雪大量堆积；12 日晚至 13 日凌晨，当地又下了中量的雪，加之五六级风的推波助澜，使积雪再次加厚。雪崩发生前，隧道内机械震动引起山体震颤和气温快速回升，从而酿成了这次雪崩的发生。

生态的恶化和气候变化也是导致雪崩的重要因素，必须引起重视。我国天山山区雪崩多年研究表明，当累积雪深小于 30 厘米时，山坡不会发生雪崩；而当一次连续降雪超过 30 厘米或更多时，经常发生雪崩的山坡一定会再次发生雪崩。近年来，伊犁山区放牧过度，植被覆盖度降低，雪崩发生多伴随土壤和石块；1985 年以前，由于天山西部林场大量砍伐，森林遭到不同程度破坏，导致该地区尤其是公路沿线地区雪崩灾害加剧。有数据显示，新疆气候向暖湿转变，西天山积雪增多，发生雪崩的概率也随之增加。深厚的积雪和陡坡是雪崩形成的必要条件，但不是充分条件。如果存在茂密的森林，再深厚的积雪和陡坡也不会形成破坏性的雪崩。林木具有支撑和固定积雪作用，起到了类似稳雪栅栏、雪网的作用，防止了积雪的滑动和雪崩的释放。因此，有森林保护的地区，不需治理雪崩。如果雪崩形成区没有森林保护，运动区和堆积区的森林能使雪崩减速，或者挡住一些小雪崩，或者使小雪崩改变运动方向，但不能阻挡足够动能的大雪崩向前推进。砍伐森林后会产生多种恶果，有些砍光的山坡成为新的雪崩路径，更严重的是水土流失。

对于雪崩路径沟槽小于千米时，雪崩过程仅仅是几秒到几十秒的积雪崩塌现象。因此，观测自然雪崩不易，躲避雪崩也困难。相对而言，我国多雪山区人口稀少，村落不多，雪崩危及常住居民的情况不多，尽管多数雪崩在山里的某处悄然发生，并没有造成生命和财产的损失，因而淡出了人们的视线；而一些雪崩阻断公路和铁路交通、隔断河流、破坏隧道等建筑物，或造成财产的损失，或造成人畜的窒息、伤残和死

亡，因此，也受到人们的关注。雪崩往往伴有次生灾害，诸如雪崩雪堆堵塞河道，形成雪坝。这时，河流下游水位和流量骤然下降，冬季甚至可使河流枯竭、断流。雪坝溃决后，被拦水体倾泻而下形成洪水。由于山区经济建设的迫切需要，雪崩问题便受到重视，雪崩研究、雪崩治理也由此逐步深入。比如，1967 年在新疆伊犁地区天山山区建立了天山积雪雪崩研究站，先后参与了国道 217、国道 218 防治雪崩设施的设计，天山积雪雪崩研究站的科研人员通过大量工作，已经取得了不少资料和成果。

如何远离"白色死神"

防治雪崩的措施主要是在雪崩形成区就地取材，砌石墙、安装稳雪栅栏、安装雪网，以达到增加地表粗糙度、稳定积雪和减少或阻止雪崩释放的目的，该法可以防治任何类型的雪崩。也可以在雪崩路径防护目

标物的上方构筑雪崩防护墙体、土丘、石坝，使雪崩减速或停止。如果公路或铁路经过雪崩的运动区的上方，可以架桥的方式让雪崩从桥下经过。如果被防护的目标在雪崩的运动区或者是堆积区的下方，则可建筑导雪堤坝、雪崩棚、楔形建筑，改变雪崩运动的方向和路径。国道217线山区公路段有2座雪崩棚，也有人称为"防雪崩走廊"。进入冬季以后，滑雪、登山等户外活动者会触发雪崩，甚至钻孔、爆破也会触发雪崩。在山区作业时，躲避雪崩的方法很多，主要是避免人为制造雪崩，消除存在的危险隐患；其次是构筑防雪崩墙体，在国道312果子沟段、国道217和国道218的某些山区路段都有这样类似的建筑物，还有土丘、平台等多种设施，起到稳定积雪，阻挡雪崩的作用。此外，植树造林、全面禁伐森林不仅是治理雪崩的重要手段，也是治理环境的重要手段。

小资料：关于深霜

冬天，在有积雪的地方，雪层下部的温度常常高于雪层上部，于是，在雪层形成了下高中上低的温度梯度。温度高的地方，饱和水汽压大，必然要向温度较低的雪层上部进行水汽迁移。雪层上部因为获得下部输送来的水汽而逐渐达到饱和状态，产生水汽凝华现象。雪层下部由于水汽不断损失，雪晶表面就要发生升华，以弥补水汽的不足。

这种因为温度梯度影响而发生在积雪内部的水汽重新凝华结晶的现象，可以使已经失去结晶形态的陈雪，又重新变成新的晶体形态。不过，它不是复原为雪花，而是生成一种类似于霜的更高级的雪晶形态。

为了与地面霜有所区别，学者们给它取了个专有名词，叫做深霜。不难看出深霜和地面霜的形成机理是相同的。

不过，深霜不是一两天就能形成的，所以它的颗粒比地面霜要大得多。一般直径就有四五毫米，大的晶体尺寸能到 10 毫米以上，比一颗颗石榴子还要大。地面上有稳定积雪后，只要雪层里出现温度梯度，深霜便开始生长。

1975 年 12 月，兰州下了一场大雪，形成了稳定积雪，半月之后，积雪里便出现深霜的晶体。剖开雪层后，那灿烂多姿的深霜，好像一层用钻石铺成的地面，在阳光下闪烁着奇光异彩。

积雪里出现深霜，对冰雪工程来说，是个很麻烦的问题。由于深霜晶体彼此之间若即若离，因而非常疏松脆弱，大大降低了积雪的强度。稍加一点压力，很容易使深霜层塌陷下去。人们在深霜发育的积雪上行走时，脚底下的雪层时常突然沉陷，这是深霜在作怪。

深霜层的抗剪强度特别低。侧向的压力，每平方厘米上只要稍微超过 0.01～0.02 千克，就足以使它全面崩塌。由于这个原因，山坡上的积雪中深霜发育较多时，是非常危险的，许多巨大的雪崩就是因为深霜层发育而引起的。人在有深霜的积雪山坡上行走，需要非常小心，不然，很容易触发雪崩。

（原载《气象知识》2008 年第 3 期）

揭秘地震"预报专家"

◎ 姜永育

　　蟾蜍群集、怪云现身、干旱少雨……2008 年 5 月 12 日，我国汶川地区发生了里氏 8 级特大地震，地震发生之前，震区出现了许多反常的自然现象。不少人认为，这些现象是地震发生的前兆，它们的出现预兆着特大灾害的来临。

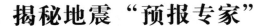 蟾蜍"预报"的真相

　　2008 年 5 月 11 日，与汶川县直线距离仅几十千米的绵竹市西南镇檀木村出现了令人惊奇不已的场面：成千上万只蟾蜍密密麻麻地布满了村道，它们"携妻带子"，就像赶集一般聚集在一起，完全不顾行人和车辆的踩踏。

　　蟾蜍聚集的地方，有一个制药厂，几万只蟾蜍便聚集在制药厂周围的菜园、空地里，特别是制药厂后面的一条排水沟旁，更是挤满了大大小小的蟾蜍，看上去令人心惊肉跳。望着这么多令人毛骨悚然的蟾蜍跳来跳去，当地村民十分恐慌，有的人吓得不敢从村道上走，只得远远避开。"这种现象是不是天灾来临前的预兆哟？"人们议论纷纷，消息传开后，周围一带的村民都十分担忧和害怕。

　　第二天 14 时 28 分，震惊全球的汶川特大地震便发生了，离震中汶

川很近的绵竹市遭受了重大损失。地震发生后，人们自然而然地联想到了前一天的蟾蜍"赶集"现象，于是，有些人便深信蟾蜍能预报地震，将其称为地震"预报专家"。

真的是蟾蜍"预报"了汶川特大地震吗？专家认为，目前人类预报地震很难，最先进的地震预报，也只能提前10多秒告知地震发生。人类尚且如此，蟾蜍等爬行动物提前一天甚至数天"预报"地震就更不可能了。

那么，蟾蜍"赶集"现象又该如何解释呢？原来，5月正是蟾蜍繁殖的季节，11日之前，绵竹市连续下了两天大雨，使得池满渠溢，水位上升，加上制药厂排水沟流出来的水温度较高，为蟾蜍大量繁殖提供了适宜的温湿条件，从而出现了万只蟾蜍聚集制药厂的现象。专家告诉我们，其实蟾蜍大量出现和地震之间只是一种偶然的"巧合"，世界各地蟾蜍和青蛙大量聚集并不鲜见，但很多都没发生地震灾害，出现这种现象，只能说明当地的生态环境良好，很适合蟾蜍和青蛙等爬行动物繁殖和生存。据了解，2006年4月，绵竹市就曾经出现过万只蟾蜍聚集在一起的现象，2005年和2007年，与绵竹市相隔不远的广汉市也出现过蟾蜍大量聚集的现象，但当时都没发生地震等自然灾害。

排除了蟾蜍这些"专家"，我们再解析另一个地震"预报高手"。

诡奇神秘的"地震云"

2008年5月12日12时多，与汶川直线距离不到120千米的川西名山县上空，出现了异常的云彩：几束云垂直悬挂在空中，云冠饱满，云顶凸起，外形很像蘑菇或花椰菜，更令人惊奇的是，在正午阳光的直射下，云身呈现出淡淡的玫瑰红色——一般情况下，只有日出或日落时的云彩，才会呈现出五彩斑斓的颜色。

就在同一天的 14 时前，四川西部还有一些地方，天空中也出现了较为奇怪的云彩。汶川特大地震发生后，人们回忆起当时天空中的这些异常云彩时，很自然地把它们同地震联系起来了，于是"云能预报地震"、"出现地震云要发生地震"等说法不胫而走。

"地震云"真的能预报地震吗？专家介绍，世界各国对"地震云"的研究还是最近几年的事，其中以我国和日本处于领先地位。有趣的是，首先提出"地震云"这个名字的不是地震学者，也不是气象学者，而是曾经担任过日本奈良市市长的键田忠三郎。1948 年 6 月 28 日，日本福冈发生了 7.2 级地震，在地震前两天，键田看到奈良天空中出现了一条白间黑的毛卷丝绳状的带形奇特云，好像把天空分成两半似的。他预感到地震将要来临，立即向当时的县知事野村万作了报告。第二天果然发生了地震。此后，每当发现这种云，他就预报将要发生地震，并称这种云为"地震云"。

一般情况下，"地震云"呈现出红、橙、黄、青、紫、灰、白、黑等各种颜色，它们一般出现在凌晨或傍晚。对于"地震云"能否预报地震，气象学家认为，还需要认真观察分析，积累丰富的科学资料，并结合实际长期不懈地进行研究，才能得出科学的结论。

有趣的是，汶川特大地震发生后，我国一些地方也出现过"地震云"，并引起了一些市民的恐慌。如 2008 年 7 月 7 日，南京上空出现了一朵像花椰菜一样的云，云朵镶着白边，中间呈火红的颜色，在这片红彤彤的云彩后面，还叠着另外一层呈放射状的云。这一奇异的云出现后，引起了当地一些市民的恐慌，有人认为会发生大地震。不过，专家对这一"地震云"进行认真分析后，认为它只是一朵"发育"极其良好的浓积云而已，事实证明这朵云并未"带来"地震，只是让人们虚惊了一场。

如此看来，"地震云"也够不上"预报专家"的称号。最后，我们分析一下第三个"预报高手"。

降雨能预报地震吗

经历过汶川特大地震的人们，可能都对当天的天气记忆犹新：5月12日14时前，天空艳阳高空，晴空万里，但14时28分地震发生之后，天空很快便换了一副"脸色"，霎时阴云四合，冷风骤起，傍晚很多地方都下起了瓢泼大雨。大雨一直持续了两天才逐渐停止。

为什么地震后会出现大雨天气呢？

专家认为，地震后产生的大量山体滑坡、房屋倒塌等，会使空气中增加大量的粉尘、微粒，这些粉尘和微粒就是形成水滴最好的凝结核；而地震巨大的冲击波，在震动大地的同时也不断向空中释放能量，这种能量同样强烈扰动震区上空的空气，使得大量的凝结核与水汽分子不断碰撞，充分结合，当这些水滴增长到空气托不住时，一场地震后的大雨就降临了。

那么，降雨能预报地震吗？其实，如果我们仔细看看"震"字，就会发现它的上面是"雨"，这就意味着从远古至今，地震和雨就有着明显的关系。事实上，在地震发生之前，降雨就已经在"预报"地震了。专家研究统计表明，在汶川特大地震发生的前一年，从整体趋势看，汶川降雨量表现为逐渐增加的趋势，但从地震前5个月开始，降雨量逐渐减少，并且在地震前一个月达到最小。为了找到更有说服力的依据，有关专家还对四川近40年来9次6级以上的地震进行了分析，发现在地震前半年甚至更长时间内，地震震中区附近的降雨量都呈现减少的趋势，而在震后约半年内，降雨量都呈现增加趋势，并且震后的降雨量大都明显高于震前。

　　地震是岩石圈运动的直接结果，气候是大气圈运动的直接结果。地震与气候异常的统计分析初步表明，二者之间存在一定的联系，最主要的特征是"旱—震—涝"，即地震前会出现大范围的干旱，而地震后会在震区周围出现较大范围的洪涝。

　　不过，降雨能不能"预报"地震，目前谁也不敢妄下断言，还需要深入探索。

（原载《气象知识》2009 年第 4 期）

"天坑"从何而来

◎ 姜永育

  2010年4月下旬以来，四川省宜宾市长宁县的一个偏僻乡村，接连出现了一桩桩怪事：好端端的地面突然塌陷，出现了一个个深不见底的"天坑"。在"天坑"的步步紧逼之下，当地村民不得不背井离乡，转移到其他地方居住。"天坑"出现的同时，各种各样的谣言也在当地流传开来，有的说是鬼神作怪，有的说是地震前兆，有的说是人为原因……究竟"天坑"从何而来呢？

可怕巨坑

可怕的巨坑

  4月27日傍晚，宜宾市长宁县硐底镇石垭村的一个村民正在家中做晚饭，突然，听到屋后传来"轰隆"一声巨响，跑出门来一看，只见距她家房屋不到 30 米的地方，出现了一个黑漆漆的大洞。这个大洞深不可测，周围的泥土还在不断下落，洞口不断扩大，看上去令人毛骨悚然。她吓慌了，赶紧跑回家中，把身份证和钱揣在身上，整个晚上都坐在院子里，准备随时逃命。

与此同时，在硐底镇的其他地方，一个个可怕的"天坑"接二连三出现。有的出现在村子边上，有的出现在田野里，有的干脆出现在村民家的院子里……短短几天之内，该镇的红旗村和石垭村先后出现了 26 个"天坑"，而且更可怕的是，这些"天坑"的面积仍在继续扩大，最大的"天坑"洞口直径，从最初的 40 米扩大到了 60 米；最深的"天坑"，深度超过了 30 米，站在洞口往下一望，无不令人心惊胆战。

"天坑"给村民的生命安全造成了巨大威胁。为了躲避"天坑"，当地的 100 多户近 300 村民不得不转移到其他地方居住。同时，关于"天坑"的种种说法，也在当地疯狂流传开来，四川省的有关专家，也在第一时间赶到长宁县，准备去一探究竟。

是鬼神在发怒吗

"肯定是咱们村有人把土地神得罪了，土地神一发怒，村里才会出现这么多'天坑'。"村里有些人上了年纪的人，把"天坑"的出现，归结成土地神生气的结果。

那么，土地神为何生气呢？据这些老人讲，近年来，村里出外打工的人越来越多，好多人把土地抛荒了。"土地神心疼土地啊，看着那么多的荒地没人种，他能不生气吗？"

也有些老人，认为是冤鬼在作祟：20 世纪 60 年代初，我国发生三

年自然饥荒，这里也饿死了不少人，当时有些死者用草席一裹，随随便便埋到了地下。"那些死鬼在阴间缺衣少吃，没办法生活了，所以他们在地下弄出大坑，目的是向活着的人讨饭钱来了。"

是地底下有巨蟒吗

村里还有些人，认为"天坑"的出现，是一条巨蟒在作怪。据说，在硐底镇的地底下，一直生活着一条大蟒蛇。并且，有人还亲眼看到过蟒蛇出没：有一次，有个妇女到一个山沟里割猪草，突然看到沟底的一个山洞里，伸出了一个簸箕大的蛇头，吓得她赶紧掉头就跑；还有一次，有人到秧田里去除草，还没走到田边，就看见茂密的秧苗迅速向两边散开，一个比晒席筒还粗的蛇身从秧田中钻出来，迅速溜下山崖不见了。

"那么大的蟒蛇整天在地上钻进钻出，有可能就是它把地上的泥土钻松了，所以才形成了这些'天坑'。"有人这么推测着。

是大地震的前兆吗

"天坑"出现的第二天，村里的人们还引起了一阵恐慌，大家议论纷纷，担心当地会发生大地震。

这种担心也不无道理：在一些大地震发生前，曾经出现过地面塌陷的现象；在地震发生的过程中，地面下陷、出现裂缝的现象也十分常见。

村民们认为"天坑"是大地震前兆的一个主要理由，是 2008 年 5

月汶川发生特大地震以来，四川的余震一直持续不断，特别是与宜宾市相邻的自贡、内江等地，都曾经发生过3级以上的地震。而且更重要的是，在"天坑"出现的前十多天，即4月14日，与四川相邻的青海玉树发生了7.1级大地震。村民们担心：玉树大地震这根"导火线"，有可能会引发长宁县的地震。

是采煤引发的灾祸吗

除了上述种种说法，当地一些村民还认为："天坑"是采煤引发的灾祸。

原来，"天坑"所在的山名叫"雷打顶"，过去这里曾经有一口煤矿，并且煤矿的井口与"天坑"的直线距离只有80米左右。

"估计是那口煤矿把下面的土掏空了，所以才会出现地面下陷形成'天坑'。"有村民如此分析。

还有的村民认为，"天坑"与离此不远的一个煤矿也有关系。在"天坑"出现前两天，那口煤矿的采煤巷道发生了涌水现象。"地底下的水把土泡松了，地面自然就会出现塌陷喽。"

真正原因：地下水位下降

就在人们众说纷纭之时，长宁县硐底镇的"天坑"还在继续"生长"。到5月18日，"天坑"的数量已经达到了43个。当地的人们更加恐慌。

不过，经过地质勘察人员的仔细调查和研究，终于为我们揭开了

"天坑"形成的原因。

原来，当地属喀斯特地貌，地下溶洞较多，过去地下水位正常时，这些水把溶洞填塞得满满的，它们稳稳地"托"住上面的泥石，以确保地面不会下陷；而当地下水位降低后，溶洞就会出现较大的空隙，地面就会发生坍塌，从而形成"天坑"。

深层原因：地下水位下降缘自干旱

对专家的解释，村民们表示赞同。

不过，这里的地下水位为何突然下降呢？新的疑问再次困惑着大家。

这时，气象专家结合2010年初以来发生的西南大旱，给出了一个合理的解释：喀斯特地貌的地下水，主要依靠天上降雨来补充。如果降雨正常，地下水就会维持正常水位，如果降雨偏少，地下水位就会跟着下降。2010年1月以来，包括川南宜宾在内的西南地区发生了特大干旱，过去云丰雨润的长宁县，也在这次大旱中严重降雨不足，1—4月，当地降雨量比常年平均偏少了20%以上，干旱最严重的1月，降雨量更比常年平均偏少了80%。

降雨量的严重不足，使得地下水位下降，而地下水位下降，又导致了地面"天坑"的出现。至此，村民们恍然大悟。

（原载《气象知识》2010年第4期）

海洋与生物灾害

预防和减轻海洋灾害刻不容缓

◎ 宋家喜

我国不但土地辽阔，同时也是一个海洋大国。领海面积大约为300万平方千米，大体占国土面积三分之一左右。大陆海岸线有18000多千米，拥有6500多个大小岛屿。沿海均属于经济发达地区，有70%以上的大城市，55%的国民经济收入都分布在东部和南部沿海地区。

21世纪是海洋的世纪，随着世界人口的急剧增加，陆地资源的逐渐短缺和生态环境的不断恶化，人们越来越多地把目光转向海洋。海洋正以其富饶的资源，广袤的空间，给人类生存和发展带来新的希望，为全球经济和社会的可持续发展作出重要贡献。

我国的辽阔海域具有重要的经济和战略地位。它是通往国内外的交通要道，为国内的物资交流和国际贸易做出重要贡献；我国海域是资源的宝库，蕴藏着极为丰富的生物资源、矿产资源、化学资源、海洋能源、水资源和空间资源等，这些资源具有广阔的开发和利用前景。

然而，我国也是一个海洋灾害频发的国家，如风暴潮、巨浪、海冰、赤潮、海啸、溢油等。这些海洋灾害对国民经济发展和人民的生命财产构成巨大的威胁。据统计，在1989—2003年的15年中，我国由于海洋灾害造成的直接经济损失平均每年高达155.6亿元，因灾死亡或失踪人数达303人。

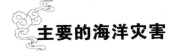

主要的海洋灾害

一般把发生在海洋上和滨海地区的、由于海洋自然条件产生异常或激烈变化而引发的灾害，称为海洋灾害。由于人类活动导致海洋自然条件改变所引发的灾害，称为人为海洋灾害。下面介绍一下主要的海洋灾害：

风暴潮　在众多的海洋灾害中，风暴潮灾害当属海洋灾害之首。风暴潮是由强风引起的剧烈增水现象，致使海面异常升高，造成大量海水漫溢，席卷码头、仓库、城镇街道和村庄。风暴潮可分为台风风暴潮和温带风暴潮两大类。

风暴潮

国内外历史上严重的风暴潮灾害事例举不胜举。1970 年 11 月 12—

13 日的孟加拉国强风暴潮，造成 27.5 万人死亡；1991 年 4 月 29 日夜间的孟加拉湾风暴潮巨浪高达 6 米多，吉大港水淹深达 2 米，受灾人口达 1000 万，有 14 万人丧生，经济损失至少有 30 亿美元；1900 年 9 月 8 日美国墨西哥湾的加尔维斯顿遭受一次强飓风风暴潮的袭击，有 6000 余人被淹死；1959 年 9 月 26 日日本伊势湾的名古屋一带沿海地区发生风暴潮灾害，最大增水 3.45 米，4700 人死亡，401 人失踪，总经济损失有 5000～6000 亿日元；2005 年 8 月发生在美国东南部沿海的由飓风"卡特里娜"引发的风暴潮灾害，成为美国历史上罕见的严重自然灾害，曾震惊世界，至今使人记忆犹新。飓风带来的海水几乎将新奥尔良市全城淹没，遇难人数多达 1036 人，一些地区社会秩序曾一度混乱，在经济上对美国更是一个沉重的打击，直接经济损失超过 3000 亿美元。致使世界上最富强的国家——美国，也不得不向世界其他国家伸出求援之手，以解燃眉之急。

历史上，我国由于风暴潮造成的生命财产损失也是触目惊心的。1922 年 8 月 2 日汕头发生一次台风风暴潮灾害，有 7 个县市受灾，死亡 7 万余人。新中国成立后，我国沿海地区发生较大的风暴潮灾也很多。1956 年 8 月 2 日一次严重的台风风暴潮致使浙江省 4000 人被淹死；1969 年 7 月 28 日发生在汕头地区的强台风风暴潮使千余人丧生；2003 年 10 月 11—12 日在河北和山东半岛沿海，受强温带气旋和寒潮冷空气共同影响，发生了强温带风暴潮灾害。天津塘沽潮位站最大增水 160 厘米，超过当地警戒水位 43 厘米；河北黄骅港潮位站最大增水 200 厘米以上，超过当地警戒水位 39 厘米；山东羊角沟潮位站最大增水 300 厘米，其最高潮位 624 厘米（为历史第三高潮位），超过当地警戒水位 74 厘米。此次温带风暴潮来势猛、强度大、持续时间长，成灾严重。这次潮灾造成河北黄骅港发生严重淤积，航道受阻。天津塘沽港进水，有 22.5 万吨货物被海水浸泡。附近沿海地区渔业、盐业、养殖业等均受

到严重损失。据统计，河北、山东、天津三省市直接经济损失合人民币
13.1 多亿元。

巨浪 通常当海浪浪高超过 4 米以上时，其破坏力明显增大，容易造成严重的海难事故。据统计，海上破坏力 90% 来自海浪，世界海难事故的 70% 左右是由狂风巨浪造成的。世界上最高的风浪记录 34 米，是美国油轮"拉梅波"号于 1933 年 2 月 7 日在太平洋航线上测到的。巨浪具有惊人的破坏力，它可推动二三千斤重的石块和激起六七十米高的水柱，给沿岸工程带来巨大破坏。

从 1969 年至 1982 年的 14 年中，仅在日本就有 15 艘万吨以上的巨轮因受巨浪袭击而沉没。近几十年来，海上油气开发蓬勃发展，海上作业船只和海上钻井平台逐年增加。从 1955 年到 1982 年的 28 年中，因风暴巨浪而发生的重大钻井平台事故在全球范围内就有 36 起。1980 年 8 月的 Allen 飓风，摧毁了墨西哥湾里的四座海洋石油钻井平台。

在我国海域，夏季常有台风袭击，冬季经常有寒潮影响，春秋季每隔几天就有一次温带气旋入侵。这些天气系统都会带来狂风巨浪。因此，由强风巨浪引发的海难事故也时有发生，据原全国海上安全指挥部的统计，从 1949 年至 1982 年的 34 年里，仅被交通部门和海军救助的船只就达 6295 艘次，其中约 1500 只船的海难事故是海上恶劣海况（巨浪）引起的。1989 年 10 月 31 日，渤海海峡和黄海北部的风力达 8～9 级，海上掀起 6.5 米的狂浪，4800 吨的"金山"号轮船沉没，有 34 人遇难；1990 年 11 月 11 日 8000 吨的"建昌"号货轮在南海遇到 8 级大风和 7 米狂浪，船受风浪袭击沉没，虽经多方救助，仍有 2 人遇难；1979 年 11 月，我国石油钻井平台"渤海 2"号受风浪袭击，在渤海拖航中翻沉，72 人遇难；1983 年 10 月 26 日，美国

"爪哇海"号钻井平台在我国南海莺歌海海域作业时，遭遇台风引起的8.5米的狂浪袭击而沉没，造成了数亿元的经济损失；1999年11月24日，山东烟台市"大舜"号客货滚装船，在距烟台牟平养马岛5海里处被狂风巨浪推翻，造成死亡、失踪280人的特大海难事故；2003年10月11—12日浙江一海运公司货船"顺达2"号和上海一船务公司货船"华源胜18"遇到大风巨浪，分别在渤海中部和西部海域沉没，"顺达2"号船29人、"华源胜18"船11人下落不明，直接经济损失5000万元。

海冰 我国渤海和黄海北部，每年冬季都有不同程度的海水结冰现象。一般冰期长达2~3个月，其中辽东湾冰期最长，可达3~4个月。最大单个流冰冰块面积可达60~70平方千米。每次冰封或严重冰情都会造成不同程度的损失。如，船只被冻在海上，港湾及航道被封冻，海上建筑物遭到破坏等。

近百年来，1936年、1947年、1957年、1969年和1977年为严重冰情年。其中，最严重的是1969年，渤海出现特大冰封。冰厚最大达80厘米。堆积高度一般为1~2米，最大厚度达9米。该特大冰封曾使进出天津港的51艘货轮受损或搁浅，海冰推倒渤海石油公司的"海二井"平台，该平台由15根直径0.85米，厚度2.2厘米的锰钢钢桩构成。另外三座平台虽然没有被推倒，但已严重受损，可见这次冰灾的破坏力之大。同时，这次冰封使塘沽、秦皇岛、葫芦岛、营口和龙口等港口的海上交通运输处于瘫痪状态，经济损失巨大。

赤潮 赤潮也叫红潮。它是由海水中某些浮游植物、原生动物或细菌在一定环境条件下，突发性增殖或聚集而引起的一种水体变色的生态异常现象。实际上，赤潮是各种色潮的统称。不仅有赤色，还有白、黄、褐、绿色赤潮。赤潮的颜色是由形成赤潮的生物种类和数量决定的。

赤潮是一种全球性的海洋灾害，美国、日本、加拿大、法国、韩国等30多个国家赤潮发生都很频繁。其形成原因十分复杂，涉及生物学、化学，而且与水文、气象、海洋物理学等诸方面有着极为密切的联系。普遍认为，由于海洋污染加剧，致使海水富营养化是赤潮发生的物质基础，如有适宜的环境条件便可形成赤潮。

赤潮的危害性很大，它不仅严重破坏海洋渔业资源和渔业生产，恶化海洋环境，损害海滨旅游业，而且还通过食用被赤潮生物污染的海产品造成人体中毒，损害人体健康，甚至导致死亡。如，1977年8月在天津大沽口近岸水域发生一次赤潮，波及范围达560平方千米，持续20多天，大量死鱼漂浮于海面；1986年1月台湾高坪地区发生麻痹性贝毒中毒事件，30人中毒，其中2人死亡；1986年12月福建东山县发生麻痹性贝毒中毒事件，136人中毒，其中1人死亡；1989年8～10月渤海沿岸发生大面积赤潮，致使鱼、虾、贝大量死亡，直接经济损失2亿多元。近年来，香港的赤潮频繁发生，造成养殖鱼类大量死亡，经济损失很大。

由于海水污染日趋严重，我国的赤潮灾害大有越演越烈的趋势。据统计，20世纪70年代有9次，80年代29次，而1990年一年竟高达34次，近几年平均每年上升到近百次。可见事态的严重性。

防御和减轻海洋灾害的对策

我国沿海地区经济迅速发展，人口高度集中，滨海地区在不断投入巨资建设大泊位现代化港口、核电站、大型火电站、钢铁基地、石油化

工基地等。在我国近海各海区分布大量的海上石油生产平台，海上的交通运输也是一片繁忙景象。严重海洋灾害的发生将会带来不可估量的损失，这意味着我国防御和减轻海洋灾害任务艰巨，时间紧迫，刻不容缓。必须具有对人民高度负责的精神，采取积极的措施和对策防御和减轻海洋灾害。

工程性措施　我国一些沿海地区地势较低，但防潮的海堤和海塘的能力又十分脆弱，有的年久失修，有的标准不高。要有计划地加固和修建防潮工程；对于在海上建造的油气平台、海洋工程建筑物以及船舶等，事先必须充分论证，保证设计参数合理，确保抗风、抗浪和防潮能力。同时，要进一步抓紧海洋污染的治理工作。

完善全国海洋灾害预警系统　这个系统应该主要包括海洋灾害监测系统、海洋资料信息收集、传输和处理系统以及海洋灾害预警系统。通过这些系统，提高海洋灾害的监测技术水平，及时监测海洋灾害的发生、发展、移动和消亡。迅速传递灾害信息并加强预警工作，有效地指导防灾和救灾工作。

健全全国防御海洋灾害规划方案和应急预案　主要包括防御工程建设规划，灾前或灾中人员物资转移方案，救灾指挥方案以及公众宣传方案等。

（原载《气象知识》2006 年第 2 期）

不可忽视的生物灾害

◎ 张晓新

　　说起自然灾害，人们都会想到水灾、旱灾、地震、海啸这些气象或地质方面的灾害，而一些动植物活动给人类带来的危害，尤其是人类的重大疫情却很少有人将它们与自然灾害联系起来。其实，从广义上讲，由于各种生物活动（包括动物、植物和微生物活动）对人类生命和生存环境引发的重大伤亡和破坏也属于自然灾害，当然，从狭义上来说，称为生物灾害。

　　我们知道，地球是目前所知唯一有生命的星球。在人类诞生之前地球上已经有无数种动植物和微生物生存，它们有自己的生活和繁衍方式，人类的诞生与发展离不开这些生物，它们为人类提供生存所必需的各种物质，而人类的生活也为它们提供各种生长繁殖的条件。各种生物在自然界中构成了相互依存的生物圈。在这个生物大世界中，地球上存在的任何一个物种，都是维持生态平衡的基础。虽然人是最聪明的高等动物，但人并不能主宰一切，和谐中也会出现你死我活的斗争。一旦某种生物的活动打破了固有的生态平衡，就会使一些生物链遭到破坏，从而对其他生物的生命和生存环境产生重大的影响。这种情况发生在人类身上，则可能引发灾难。人类发展史上无数次瘟疫的流行，使得人口锐减，社会经济发展受挫，就是这一灾害的结果。有些生物灾害并没有直接发生在人类身上，而是或者造成其他动物的大批死亡，或者使某些植物成片死亡。这些生物灾害虽不直接伤及人的性命，但却破坏了人类生

活的环境，同样威胁着人类的生存。比如，不知从何而来的遮天盖地的蝗虫将一大片地区的庄稼、草木啃食殆尽，吞食了人们和牲畜的口粮，从而导致大饥荒的发生，这就是大家熟知的在亚洲、非洲某些地区经常发生的蝗灾。

我们知道，生物的种类非常之多，人们很难准确地统计出地球上究竟有多少种生物。因此，生物灾害的种类也是多种多样。我们甚至可以这样认为，任何一种生物的异常活动都可能形成灾害，只不过这种伤害对人类或直接或间接，损害或大或小而已。人们习惯于把生物分为三大类：动物、植物和微生物，生物灾害也就可以按这三类进行划分。

说到动物灾害，首先要明确人与动物之间的关系。人类自从在地球上出现以来，就成了地球上的一个重要成员。在漫长的演化历史中，人与动物或其他生物之间的利害关系越来越复杂，矛盾显得更加突出。

在人类社会发展中，人们总是把有利于人类自身利益的动物当做是有益的，千方百计地加以保护和利用；反之，则认为是有害的，想方设法加以控制、清除，甚至消灭。长期以来，由于种种原因出现的人虫之战、人鼠之战等进行了一个世纪又一个世纪，而且越演越烈，使人类处于无计可施的困境。除了所谓的有害动物之外，据统计，全世界危害庄稼的害虫有6000多种。它们每年造成的农业灾害是相当严重的，大灾之时甚至会造成上百万人因饥荒而死亡。

自然界造成动物灾害的原因是多方面的。有自然因素，如气候变化、环境变化使动物的数量、习性发生改变；有动物本身的因素，如繁殖力过强或过弱、数量过多或过少造成生态失衡。干旱使蝗灾暴发，造成农作物颗粒无收；老鼠缺少天敌而过度繁殖，猖獗肆虐，不仅吞噬粮食，传染多种疾病，而且毁坏各种设施；气候环境变化发生森林病虫害，使成千上万亩林木毁灭，其损失远远大于森林火灾……

但更多的原因恐怕还在人类自身。比如对许多动物的乱捕乱杀、森林的乱砍滥伐、草原的开垦、围湖造田等破坏了动物的食物链，毁坏了动物的生活环境，随之而来的是加速了物种的绝灭，破坏了生物的多样性；又如过量使用化学农药，造成水域、空气和土壤的污染，生态平衡遭到破坏，并且引起物种变异及抗药性。比如杀虫剂 DDT 的滥用，使之从诞生初的一支杀虫利剑很快变成对蚊虫毫无作用且对人有副作用的废药而被淘汰。还有，盲目引进物种，造成外来物种侵入，引发动物易地泛滥。澳大利亚原本没有兔子，100 多年前，好事之人将 24 只欧洲穴兔带到缺乏天敌的澳大利亚，以致兔子过度繁殖形成灾害。另外，我国在 20 世纪 50 年代曾发动一次"除四害"运动，其中将麻雀列为害鸟进行剿灭，这对随后发生的一些虫害起到推波助澜的作用。

而说到植物灾害，许多人就会想到豚草、葛藤、假高粱、加拿大一枝黄花、大米草、水葫芦等泛滥成灾，祸害农作物及其他林木的恶性草本植物。这些植物生命力强、繁殖迅猛，有的还有毒性。它们抢夺其他农作物的养分，致其死亡。在热带和亚热带一些地区，每年由于恶性杂草成灾引起的农作物产量减少达 50% 之多。

还有些植物虽不泛滥生长，但其毒性极强，让许多人及食草动物误食而命丧黄泉，比如毒蘑菇。更有一些奇怪的植物，从它们身上提取的致瘾性物质被上亿人吸食受毒害而难以解脱，烟草、古柯、大麻、罂粟即是这类植物。

因此，植物灾害真的不容忽视，但究其原因，主要还在人类自己。每种植物都有自身生长的地域和环境，它们的繁殖或它们所具有的毒性都是适应自然或自我保护而形成的。它们受着自然条件的约束和限制。当人们无意或有意将某种植物引入另一种环境，它们就可能像打开潘多拉盒子的魔怪，失去约束，失去天敌，恣意妄为，在易地形成灾害。这就是现在人们已高度警惕的外来物种入侵。我国近几年已发现有 400 多种外来植物形成大小不一的灾害。就拿对于全世界都严加防范的各种毒

品，其中许多确实是由一些植物制成的，但那也怨不得这些植物，它们原本是很有益的植物，制成毒品纯粹是人类自己祸害自己。

第三类生物灾害，即微生物灾害，可谓是最直接、又最为恐怖的了。这些最为细小最为原始的病原微生物能以各种不同方式传播疾病，引起人或其他动物死亡。粗略统计约有 1000 多种细菌、病毒、立克次体、螺旋体、寄生虫等病原体在威胁着人类的生命。它们所引起的传染病每一次暴发和流行，都给人类带来一场灾难。14 世纪欧亚两洲的鼠疫暴发，18 世纪欧洲的天花、结核病肆虐，1918 年全球流感大流行，死亡人数都在数百万甚至上千万，超过了任何一场其他自然灾害。

从人类诞生之时起人们就开始与各种疾病作斗争，人们运用各种药物或其他手段杀灭病原体，阻断传染病的传播。然而"道高一尺，魔高一丈"，各种病原体也在不停地变幻嘴脸，在适应了旧有的药物之后，以更加凶恶的面目卷土重来。几乎每年暴发的流感便是如此。这种病毒使得人们生产的新疫苗总是落后于它的变异。另外，一些新的病原体又不断给人们带来从未见过的传染病。2003 年令全世界都震惊的"非典"疫情曾给中国人带来极大的恐惧，人们至今还未完全解开这一可怕瘟疫的谜团。如今旧有的 200 多种传染病虽然人们大多已能控制和治疗，可它们在一些局部地区还不时暴发，如霍乱、结核病、登革热、疟疾等还在引起一次次生命的浩劫。还有一些疾病，人们至今还没有有效治疗的办法，比如艾滋病、埃博拉病等。

除了对人的直接伤害外，一些病原体还会对畜禽及其他动物造成疾病和死亡，间接地给人类造成灾害。曾令欧洲人恐惧的疯牛病、被恐怖分子当做武器的炭疽菌，以及口蹄疫、禽流感、猪瘟、鸡新城疫、狂犬病等流行起来，致死率极高，造成的损失十分巨大。其中一些畜禽疾病还能感染给人，置人于死地。禽流感病毒中 H5N1 型及其亚型变种就是目前全世界都紧急防范的最危险的病毒。一些科学家预测，这种病毒一旦在人群中传播流行，很有可能造成如同 1918 年全球西班牙流感的灾难性后果。

　　当然，对于生物灾害人们大可不必惊惶失措，毕竟生物是人类的衣食"父母"，人类的生存还必须依赖各种生物。过去我们一直说"人定胜天"，要说战胜生物灾害，其实不如说增其利，避其灾，或者说，以科学的认识、科学的手段减低或尽量避免生物活动给人类带来的危害。科学技术的发展已经给人类提供了许多崭新的有效的防病治病的药物和方法。人们也已从各种生物灾害中吸取了经验教训。生物灾害给人们的警示是很深刻的，我们人类究竟应该如何对待其他生物物种，善待自然？我们人类社会究竟如何实现可持续发展？肯定地说，过去那种人类至高无上、随意支配其他生物命运的做法是会遭到报应的。人类的生活与发展要遵循大自然的规律，建立和谐的社会，不光是人与人之间的关系，还包括与各种生物、与大自然环境和谐的关系，这是我们应持有的态度和深入探讨的课题。

（原载《气象知识》2006 年第 2 期）

油松树皮下的夺命杀手

◎李　峥　郭继瑞　苗振旺

1998 年的一个秋日，太行山南部山西省沁水县大尖山林场护林员徐廷祥穿行于林间小路上，像往日一样，举起望远镜，向远山望去。突然，一片红褐色的松林闯入了镜头，当望远镜中的图像放大到最大时，他被眼前的情景惊呆了，他观察到了有好几十颗油松成片死亡，而且这些松树直径全都有 30 多厘米，至少也有四五十年的树龄。徐廷祥在巡山日记上，记下了他所看到的一切。

躲藏在树皮下的杀手

大尖山林场发现油松林成片枯死的消息，很快引起了上级林业部门的重视，现场调查的任务落在了晋城市森林病虫害防治检疫站站长常宝山的身上。常宝山在死树一带仔细琢磨着，当他用斧头劈开死树的树皮，眼前的情景让他惊出一身冷汗：树皮下密密麻麻有许多像大米粒似的虫子。这些"精灵"，突然间从黑暗的树皮中被暴露在阳光下，开始四处疲于奔命，逃跑速度最快的成虫个头不大，披着暗红色的甲壳，头、尾和身体非常圆滑，就像是一个圆柱体；逃跑速度比较慢的是白色的幼虫，看上去和蝇蛆有些相像，只是个头要更小一些；在它们旁边，散落着白色的、小米粒大小的虫卵。密密麻麻、形态各异的虫子，组成了一个四世同堂的大家庭。仅在剥离的一片树皮下，就布满了成百上千条虫子。常宝山接连解剖了好几颗枯死的松树，全是一样的情景。眼前的事实说明，油松的夺命杀手，很可能就是这些体型很小、但数量巨大的虫子。

按照森林病虫害疫情上报的规定，大尖山林场发现病虫害疫情信息，连同害虫的标本，很快被送到了山西省林业有害生物防治检疫局。经省、市、县三级专业机构进行现场调查，造成油松成片枯死的原因确实是由于大小蠹（dù，音杜）虫危害致死的，而且把这种害虫初步判定为云杉大小蠹。1999 年 9 月份以前，山西省一直以云杉大小蠹虫这个名字错误地沿用了一年多。

790 万亩林地发生虫害

距离大尖山林场首次发现虫害仅仅几个月的时间里，虫灾就像一片乌云迅速向四周蔓延开来。到了 1999 年夏季，山西省有 53 个县、380 万亩①林地发现虫害，成灾面积 193 万亩，累计致死松树 351.6 万株。随后山西周边的河北、河南、陕西等地，也相继暴发了疫情，疫情最严重的地方，80% 的树木上都有害虫，个别林区油松死亡率高达 30%。2000 年夏天，距首次发现仅仅两年的时间，大小蠹虫灾在全国的发生面积就超过了 790 万亩，死树 600 多万株，直接经济损失 6.84 亿元，森林生态环境经济损失超过 80 亿元。

---

①1 亩≈666.7 平方米，下同。

揭开害虫的神秘面纱

既然是次期性害虫（主要危害生长衰弱的树木），为什么会在短时间内就能杀死几百万株参天大树？太多的困惑和未知，给这个昆虫披上了一层神秘的面纱。黄复生是中国科学院动物研究所研究员，这位与昆虫打了一辈子交道的权威，面对显微镜下的虫子，同样疑问重重。

1999 年 9 月，中国科学院动物研究所研究员殷惠芬，到美国开展森林病虫害学术研究，回国时带回一批大小蠹科害虫标本。专家们经过 DNA 检测比对，发现华北地区危害油松的小蠹科害虫，与美国的大小蠹科害虫完全一致，属于入侵的外来生物，以前定名为云杉大小蠹是不正确的。在国外，因为这个类型的小蠹入侵到松树上，昆虫入侵口流出的松香带有鲜红的颜色，所以命名为红脂大小蠹。

红脂大小蠹以前在我国从没有发生过，只有在北美国家地区有，是当地分布最广泛的昆虫之一，从北部的加拿大、美国，到南部的墨西哥、洪都拉斯都有分布，昆虫的寄主植物主要是松属植物，像亚利桑那松、墨西哥白松、花旗松等。红脂大小蠹的生存方式，主要是以成虫在树干基部侵入进去以后产卵，一对成虫平均可以产 100 粒卵，卵然后孵化成幼虫，幼虫取食韧皮部一周，就切断了树干输送营养的途径，这棵树就会枯死。

科研人员通过对红脂大小蠹生活情况的观察研究还发现，每到冬季，红脂大小蠹就会选择树干或树根作为越冬场所。但是，树干外表的树皮和树根上边的土壤保温的效果相差甚远，每逢寒流到来，树干上的虫子绝大部分都会被冻死，只有那些钻入树根躲藏在深厚土层下面的昆虫，才可以熬过漫长的冬天，成为来年扩散为害的主要虫源。

从 2000 年开始，面对穷凶极恶的虫害，国家林业局启动实施了红脂大小蠹国家级治理工程，一场虫口夺树的大战全面打响。在发生疫情的林区，组织人们用化学药剂向虫孔里注射，填埋杀虫剂，用塑料布包裹受害部位，使用化学药物熏蒸，甚至采取高科技的方式，以人工合成植物引诱剂诱杀害虫。

外来生物偷渡入境

2000 年，国家林业局组织红脂大小蠹考察团到美国红脂大小蠹发生区进行了考察学习。红脂大小蠹原本生活在高温干旱的北美洲，成虫的飞行距离可以超过 10 千米，它在当地通常是一种次期害虫，一般危害的都是不健康的树木，或者是过火木，还有些伐桩，它是不危害健康松树的，而且在国外受红脂大小蠹危害的枯死树木的报道也很少。

红脂大小蠹本身的扩散能力是有限的，不可能从太平洋的彼岸自个儿远涉重洋飞越入境，它总得通过一定的载体进入我国，而这个载体就是我国进口的木材。据有关部门调查，在 20 世纪 80 年代期间，山西进口了不少美国松树木材，而沁水县所在地晋城市有很多煤矿需要大量的坑木，这种昆虫很可能是随着木材"偷渡"而来的。

这些"不速之客"随着进口木材漂洋过海来到太行山深处的松林之中，悄无声息地潜伏下来。红脂大小蠹在原住地北美洲的分布区域是北纬 15~55 度，海拔高度 500~3000 米之间，与我国主要针叶林植被生长区域的太行山、吕梁山地理条件相同，显而易见，这个不受欢迎的"移民"，在异国他乡找到了理想的"乐土"。2003 年，国家环保总局公布了首批 16 种入侵中国的外来物种名单，红脂大小蠹赫然在列。

一般而言，昆虫迁徙异地以后想要家族兴旺，最重要的条件就是原

住地与移居地之间在食物、地理、气候等因素方面应该基本相同。而这些小"精灵"为什么"潜伏"多年后偏偏要选在 1998 年的秋天，突然在大尖山现身肆虐呢？从山西省沁水县的气象记录可以看出，在虫害暴发前连续两年时间里，沁水县出现了严重的高温干旱，这种异常极端的气候条件，为蛰伏已久、蓄势待发的红脂大小蠹，提供了千载难逢的机会。1997 年夏季，沁水县的降水量只有 120.7 毫米，比正常年份偏少了 40%，是近几十年来最少的一年；夏季平均气温高达 23.4℃，比正常年份高 1.4℃。总的来看，在 1997、1998 年这两年的虫灾暴发地，沁水县的气候是比较异常的。90 年代后期，山西省连续几年的干旱少雨，一方面为红脂大小蠹的滋生繁衍和生存提供了时机，另一方面也不利于树木的生长，油松树在这样的干旱高温环境下，树势非常衰弱，也给害虫的猖狂泛滥提供了条件。

暖冬为昆虫提供了温床

红脂大小蠹突然袭击我国，与适合其气候环境结构有着密不可分的关系。世界气象组织报告表明，全球气候正在经历以变暖为主要特征的显著变化，气温上升对生态环境的影响也日趋显著。

近年来，在全球气候变化的进程中，暖冬可以算得上是气候变暖的一个强烈信号。冬季气温升高，对于森林生态系统有很大的影响，一方面会使得林木生长期延长，食料丰富导致病虫害危害期延长；另一方面害虫的生活史和生活习性，有可能会随着气候变化而发生相应的变化，繁殖的代数可能增加，这样对于森林的危害量也会增大，病虫害的自然分布范围和发生区域也会扩大。

华北油松虫灾暴发的 1998 年里，山西省沁水县的气象记录显示：

1997 年冬季，沁水的冬半年平均气温为 2.6℃，平均最低气温为零下 2.8℃，极端最低气温为零下 13.3℃，比当地冬半年平均气温、平均最低气温、极端最低气温，分别高出 2.6℃、1.9℃和 1.9℃。可以说，虫害发生地经历了一个暖冬。

保护油松之王"九杆旗"

太行山麓山西省东南部灵空山里，生长着一株巨大的松树，它一茎出土派生九枝主干，团抱簇拥直插苍穹，恰似九面迎风招展的擎天旗帜，因此得名"九杆旗"。

这棵参天古树树高 45 米，胸径 1.5 米，根部直径 5 米，树冠幅 346 平方米，木材蓄积量达 48.6 立方米，所积木材可装 10 辆卡车。经专家鉴定树龄在 600 年以上，被冠以"油松之王"的美誉，已经成功申报了吉尼斯纪录，它不仅仅是"华北油松之王"，而且是名副其实的"世界第一油松"。

虫灾犹如洪水猛兽一样四处泛滥，饱经沧桑的古树危在旦夕。在红脂大小蠹害虫暴发的时期，这棵参天大树也遭受了大小蠹虫危害，林区工作人员为了保护这棵"油松之王"，使用了敌敌畏原药注射的方法，对虫孔进行了注药，然后用塑料布包裹树干防止害虫的潜入。注药以后经过连续观察，这棵古树最终逃过一劫，重新焕发了生机。

红脂大小蠹猖獗启示录

无论哪一种森林害虫，只有当它们的种群密度和分布面积，上升到

相当的数量级，才会对森林产生明显的危害。在自然界长期的进化过程中，生物在原产地受到气候、环境、天敌、物种间竞争等条件的限制，与外界环境构成协调的生态系统，因此，会表现得相对"温和"。当这种生物来到新的栖息地，就有可能摆脱原产地的种种束缚，在新的生态系统、更适宜的环境中反客为主、为所欲为。

从发现红脂大小蠹，到逐步了解害虫的生活习性、暴发成因，从全民皆兵的人海战术，到采用高科技生物化学制剂防治，经过 10 年的综合治理，到 2009 年我国红脂大小蠹发生面积已经由高峰期的 790 万亩，下降到了 120 万亩，在一些重灾区已经基本得到控制。

如今，在大尖山暴发的那场人虫大战已经悄然远去，太行山上的松林又恢复了本来的绿色，但是这场人类与有害生物的战争，依然没有结束，苟延残喘的红脂大小蠹，依然隐藏在深山密林之中，期待着下一个时机的到来。对于全球气候变化，对于外来物种入侵，仍然有着无数的未知，等待我们去探索和解答。

（原载《气象知识》2009 年第 4 期）

太空灾害

1910 年的一场虚惊

◎ 王奉安

　　1910 年初，世界各大报纸上都刊登了令人恐慌的消息——地球将于这一年的 5 月 19 日与著名的哈雷彗星相撞。很多人认为"世界末日"来到了，以惴惴不安的心情迎接这"最后的一天"。德黑兰 5 月 17 日一篇报道中说："波斯人恐慌地等待着星期四（5 月 19 日）的到来。僧侣们张贴了布告，号召信徒们举行虔诚的祈祷和斋戒。很多人都掘好了深坑，准备到星期四那天藏在里面，躲避天谴。"维也纳 5 月 18 日一篇报道中说："在居民中，特别是外省，发生了不可遏止的恐怖。许多人都储备了氧气；也发生了因恐怖而自杀的事件。"

　　根据当时科学家预测，当哈雷彗星离地球最近的时候，恰好位于地球和太阳之间，与地球相距只有 2400 万千米，而彗星的尾巴长达 25 万万千米以上。因此，彗星的尾巴肯定要扫过地球。天文工作者也带着十分迫切的心情，期待着观察和研究这一罕见景观。5 月 19 日终于到来了。然而正如某些天文学家所预言的那样，当地球在彗尾当中时，人们既没有看见，也没有觉察到它，我们的地球安然无恙地穿过了哈雷彗星庞大的尾部。"世界末日"并没有到来，人们虚惊了一场。

　　彗星是太阳系中最庞大的天体。它由彗核、彗发和彗尾三部分组成，但并不是每个彗星的构造都这样完整。由于彗星披头散发的外貌，拖着一条能发出血红、金黄、灰白色光芒的时长时短的尾巴，突然出现又突然消失，自古以来人们就把它的出现看成不祥之兆，我国俗称它为扫帚星或灾星。彗星的体积虽然庞大，但它的质量却小得可怜，它的密度仅有空气密度的 10 亿亿分之一，可以称为"超真空"！难怪它撞了地球以后，地球就像燕子穿云一样未受到任何损伤。分析表明，彗星主要是由水、氨、甲烷、氰、氮、二氧化碳以及氰化氢和乙腈等物质组成。后两种属于有机化合物，这说明彗星上保存着太阳系早期历史的遗迹。

据科学家推算，地球诞生 45 亿年以来，与彗星相撞至少有 560 次。有人提出彗星与地球相撞会使地球出现冰河期这一假说。原因是彗星冲入地球以后，会把大量的尘埃撒向大气层，使地球接收到的日射量急速下降，但海水的热容很大，难于冷却，因此，不断蒸发，陆地气温低，水蒸气形成冰雹降到地面，陆地就很快地为冰河所覆盖。这个过程需要 1～2 年的时间。

有人还提出了完全相反的假说，认为彗星的到来会使地球的气温升高。原因是彗核如果与地球陆地相撞，由于压缩加热的作用，将产生爆炸，能量将变成地震能和热能，在广大的区域将出现"灼热的地狱"，生物将灭亡。幸存的生物又再次大量繁殖，于是就进入新的物种时代。

（原载《气象知识》1996 年第 2 期）

美国航天飞机与天气

◎ 方　方

　　2005 年 8 月 9 日，美国航天飞机"发现"号虽然安全着陆，但是返回过程却是一波三折。联想起"挑战者"号航天飞机 1986 年 1 月 28 日升空时爆炸，"哥伦比亚"号航天飞机 2003 年 2 月 1 日在即将着陆时解体燃烧，不能不对航天飞机的安全表示担心。调查结果表明，除了技术和管理上的问题外，天气条件也是一个不容忽视的因素，因此，做好发射场和着陆场的气象预报非常重要。发射场和着陆场的浅层风、高空风、雷暴、温度、降水等预报则是预报保障的技术难点和关键。

1986 年："挑战者"号发射时失事

　　1986 年 1 月 28 日上午，美国东南部佛罗里达半岛上的卡纳维拉尔角航天发射中心的发射台上，"挑战者"号航天飞机昂首朝天，将载着 7 名航天员，去执行它的第 11 次航天飞行任务。11 时 38 分，一声轰响，"挑战者"号喷火升空，直飞天穹。16 秒后，"挑战者"号突然背向下底朝上翻了一个个儿。35 秒，主发动机工作正常，航速为 677 米/秒。52 秒，发动机全速前进，计算机屏幕上显示的各项数据依然正常。然而，就在升空 74.59 秒时，碧空中猛然一声闷响，航天飞机眨眼间变成一团橘红色的大火球，碎片拖着火焰和浓烟四下飞散。两枚助推器完整地脱离火球，失去控制地向前飞去，竟向人口稠密区直冲下来，指挥中心的一位空军军官手疾眼快，通过遥控把它们提前引爆了。燃烧着的航天飞机碎片像流星似的散落在大西洋广阔的海面上，持续了一个多小时。

2月3日，里根总统任命以国务卿罗杰斯和第一个登上月球的航天员阿姆斯特朗为总统特别调查委员会正、副主席。调查委员会在总统规定的120天限期内组织有关部门，从打捞残骸、查阅资料和收集实况录像等方面开展工作，在由技术专家作出详细分析之后，于6月9日向里根总统提交了长达256页的调查报告。报告指出了"挑战者"号失事的直接原因：由于固体火箭助推器连接部件设计上出了毛病，合成胶密封圈失效，使炽热的火焰从右侧固体火箭助推器下部两段之间逸出而导致事故发生。8月5日，调查委员会又发表了长达2700多页的事故报告附录，对6月9日的结论作了证实。后来，专家们又对"挑战者"号发射前后的气象条件进行了分析，认为发射前地面低温超过合成橡胶密封圈

正常工作的环境温度范围是酿成这次灾难的直接原因。

这个密封圈是直径为7.1厘米经硫化了的橡胶制品。1985年8月9日在进行密封圈弹性试验后得出，温度为10℃时密封圈就不能正常工作，而4℃则为其最低工作环境温度。这次事故发生前一天，即1月27日，固体火箭制造公司负责人曾向宇航局提出了"低温天气会使密封部件性能下降，不宜发射"的报告，但宇航局领导始终未予重视，也没有采纳。

由当时天气图可见，在发射前一天，恰好地面有一股冷空气经过卡纳维拉尔角，1月28日00时（世界时），冷空气刚过卡纳维拉尔角时，地面气温为28℃，12小时后进一步降温，最低气温曾达到－5.6℃，显然远低于密封圈正常工作的温度要求。根据计算机储存的资料分析，发现"挑战者"号在爆炸前10秒，右侧助推器内部的压力突然下降，降低值达5%。反复调查分析认为，密封圈在低温下弹性减弱，不能封住航天飞机发射时的巨大压力，从而在火箭下部两段接缝处留下了缝隙。同时在发射当天，佛罗里达半岛上空存在两支高空急流，一支是8000米上下的极锋急流，风向西北，最大速度达40米/秒左右；另一支是13000米上下的亚热带急流，风向西偏南，最大风速60米/秒左右，卡纳维拉尔角恰处在两支急流交汇点附近的下方，这两支急流使得在其上下有较强的垂直风切变出现，还诱发了较强的大气湍流运动，从而使"挑战者"号承受更大的载荷，其密封部位进一步受到振动而加大了裂隙，导致高达3000℃的火焰从助推器的缝隙中喷出，高温火舌疯狂地吞没了外部燃料箱，航天飞机就在这烈焰中爆炸了。据记录，助推器火焰开始喷出时间为59.8秒，高度约为10070米；爆炸时间为74.59秒，此时高度在14000米左右，而且"挑战者"号爆炸后的烟羽有着极明显的扭曲外形，这也是低温和高空风切变的气象条件成为"挑战者"号失事的主要原因的佐证。

2003 年："哥伦比亚"号降落时失事

2003 年 2 月 1 日上午 9 时许，美国"哥伦比亚"号航天飞机在降落时与地面控制中心失去联系，在得克萨斯州上空，载有 7 名宇航员的航天飞机在进入大气层后瞬间解体燃烧，"嘭"的一声炸响真如晴空霹雳，摔了个粉身碎骨。

当天美国政府就成立了由 13 名专家组成的独立调查委员会，为调查"哥伦比亚"号事故原因，独立调查委员会在长达约 7 个月的时间中共调阅了 3 万多份文件，进行了 200 多次访谈，听取了数十位专家的证言。整个调查耗资 2000 万美元，美国"哥伦比亚"号航天飞机事故调查委员会 2003 年 8 月 26 日公布了长达 248 页的最终调查报告。

调查委员会专家提出，起飞时遭遇强风、发射前临时更换火箭助推器以及"年龄太大"，都可能是造成这艘"功勋宇航器"解体的根本原因。在"哥伦比亚"号起飞 62 秒后，突然遭遇到异常猛烈的大风吹袭，遭遇的风力强度已经接近宇航局允许的极限。原本已开始出现老化的机翼因遭受如此强风吹袭，在外界异物的撞击下显得"弱不禁风"，从而出现破损，导致其左侧机自发产生"内伤"，为日后坠毁埋下了祸根，为返航途中的超高温空气入侵形成了"方便的后门"。此后仅仅 20 秒钟，从机身下部主燃料箱上脱落的泡沫绝缘材料击中了左侧机翼前端，造成直接"外伤"。专家认为，这些损伤对一个使用 10 年的航天飞机来说可能不算什么，但是对"哥伦比亚"号这样 21 岁高龄的"老机"来说则是致命的。有关"哥伦比亚"失事的直接原因基本确定：机身从接近真空的太空轨道重返地球大气层的过程中，与大气摩擦产生

的几千摄氏度高温传导至机体内部，超高温空气从机体表面缝隙入侵隔热瓦下部四处乱窜，最终造成航天飞机在返航途中解体坠毁，7名宇航员丧生。

对于"哥伦比亚"号事故原因，不少国家宇航专家提出了自己的看法。德国专家分析说，隔热系统出现问题可能是导致航天飞机解体的原因。意大利一位曾两度参与航天飞行的宇航员分析说，"哥伦比亚"号在返回地面时进入大气层的角度不正确可能是导致它解体的原因。航天飞机返回时一般以与地线呈45度的角度进入大气层，误差不能超过3到4度，否则飞机就会失控。日本多数宇航专家认为，"哥伦比亚"号航天飞机发生事故很可能是机体"老朽"所致。两次乘坐过航天飞机的日本宇航员毛利卫说："哥伦比亚"号的机体陈旧笨重，事故的原因可能是机体出现问题，使之再次进入大气层时承担不了其沉重的负荷。日本技术评论家樱并淳说，"哥伦比亚"号是在返回大气层后出事的，可能是因为机体贴面部分破损，与大气摩擦时产生异常高温造成航天飞机解体。他指出，航天飞机是多种高技术的结合体，施工中的一丁点儿毛病就会酿成严重事故。中国工程院院士、北京航空航天大学教授陈懋章认为，这次"哥伦比亚"号失事可能有3种直接原因：1. 控制系统故障。在返回阶段，该系统控制航天飞机再进入的角度、姿态以及速度。这些参数中任何一个超出规定的范围都将使航天飞机遭受到超过其承载能力的载荷，导致毁灭性的破坏。2. 隔热结构失效或损坏。航天飞机在重新进入大气层时，机体表面温度将上升到1600℃左右，机体和机上的仪器仪表和宇航员不可能承受这样的高温，因此，在航天飞机的外层，还须安装隔热结构，它的失效或损坏也将导致整个航天飞机的毁坏。3. 太空垃圾撞击航天飞机。

2005 年："发现"号返回一波三折

2005 年 7 月 26 日，在推迟了 12 天后，"发现"号在肯尼迪航天中心发射升空，作"哥伦比亚"号失事以来美宇航局所谓的"复飞之旅"。然而，在腾空而起的刹那间，"发现"号外挂燃料器的顶端却撞上了一只小鸟就受到了损伤，航天飞机上的摄像机已拍摄到有绝热材料脱落的画面，让人们的心悬了起来，这是因为两年前，正是同样的原因导致了"哥伦比亚"号坠毁的惨剧。

然而，"发现"号在完成预定任务后，其着陆过程并不顺利。它原定第一次着陆时间是美国东部时间 8 月 8 日凌晨 4 时 47 分，但约翰逊航天中心发现，肯尼迪航天中心有低空云层，影响航天飞机着陆的能见度，于是将着陆时间推迟了 90 分钟，此后，由于天气状况还不见好转。航天中心再次决定，把着陆时间推迟一天。

9 日的返回过程却是一波三折。"发现"号改定在美国东部时间 9 日 5 时 07 分在佛罗里达州肯尼迪航天中心降落。但是由于佛罗里达州着陆地点云层很低，甚至还飘起了小雨，这糟糕的天气使美国宇航局放弃了在肯尼迪航天中心的两次降落机会。此时，"发现"号在 9 日只剩下 4 次着陆"时间窗"。在加利福尼亚州的爱德华兹空军基地和新墨西哥州的白沙各有两次机会。美国宇航局最后根据天气状况做出决定，"发现"号就改在爱德华兹空军基地着陆。

美国东部时间 7 时 06 分，"发现"号点燃了制动火箭，开始减速，并且脱离了地球轨道，开始了惊心动魄的一小时的着陆之旅。

7 时 40 分左右，"发现"号进入大气层，这时空气压力增加，航天飞机的机翼开始摆动，方向舵开始启用。在这一阶段，"发现"号由计

算机操纵飞行，航天飞机连续 4 次做"S"形转动以进一步减速。飞机此时仍以超音速飞行，因与空气摩擦，其外表陶瓷绝热瓦的温度高达 1650℃。这个阶段也是"发现"号着陆过程中最危险的时刻。

8 时 04 分，控制中心宣布"发现"号已经安全度过这个最危险的阶段。并且没有出现任何问题。

当太阳即将在加利福尼亚的沙漠中升起时，黑色的天际出现了"发现"号闪亮的身影。当航天飞机穿越加利福尼亚沙漠上空时，航天飞机的速度减至音速以下。美国东部时间 8 时 12 分，100 吨重的"发现"号稳稳地降落在爱德华兹空军基地，结束了长达 15 天的太空之旅。

"发现"号先后克服了三重难关才最终安全着陆，一是脱轨难关，第二关也是最难的一关是载入关，载入关里要考察防热系统能否禁得住大气层的高温，"哥伦比亚"号就是因为没有禁得住高温而爆炸的。第三关就是着陆关，推迟一天返回就是因为考虑到着陆时的风险，天气状况的影响是最主要的。按照科学分析，无论是发射还是返回时，云层高度均不能低于 2400 米，而 8 月 8 日的降落地云层高度只有 300 米，所以推迟一天正是"发现"号安全返航的有力保障。

（原载《气象知识》2005 年第 5 期）

拯救臭氧层　做臭氧层的朋友

◎ 汪勤模

1999 年 11 月 29 日至 12 月 3 日，《关于消耗臭氧层物质的蒙特利尔议定书》缔约方大会第十一次会议在中国北京召开，又一次显示了 170 多个缔约方一直在致力于保护臭氧层工作。

据 1998 年年底消息，南极上空臭氧空洞的面积已达 2720 万平方千米，比整个北美洲还要大，美国科学家认为，这是他们迄今所观测到的最大南极臭氧洞。

警告：臭氧层空洞形势严峻

自 20 世纪 70 年代中期以来，在南极的大气观测中发现，南极地区上空 10 ~ 20 千米处的平流层中下层，春季（即北半球的 9 月、10 月）的臭氧含量在逐年减少，到 1985 年仅为正常值的 60% ~ 70%。卫星探测的臭氧总量资料表明，臭氧含量减少的范围有逐年扩大的趋势，1985 年已相当于美国本土的面积，这一现象被称为南极臭氧洞。1999 年 7 月份，日本环境厅发表一项监测报告，也证实了 1998 年 9 月中旬至 12 月中旬，南极上空臭氧层出现了历史上最大的空洞，面积为 2720 万平方千米。

根据卫星观测资料，全球臭氧含量在逐渐降低，从全球平均情况来看，全球臭氧含量每年下降1%左右，其中下降速度以高纬度和极地地区为最大。1992年下半年在南极观测到的臭氧含量是自有记录以来的最低值。

近年来，科学家在北极上空发现了另一个臭氧洞，它出现在每年2月份，其面积相当于南极臭氧洞的1/3。1997年，莫斯科天文学家说，俄罗斯上空也出现了臭氧洞，整个西伯利亚受到了威胁。我国科学家近年在对我国上空臭氧分布的分析中发现，在我国青藏高原上空，也存在着一个相对周围地区臭氧含量较低的区域。1999年8月，在西藏召开的国际保护臭氧层会议的专家们对此发出了警告：如果任其发展下去，世界屋脊上空将继南北极之后出现世界第三个臭氧层空洞。

后果：臭氧层空洞危害人类

如今，人们已经知道，臭氧层中臭氧含量减少所导致的太阳紫外辐射增强对人类生存环境会造成较大的负面影响，直接危害人类的健康。其最直接的危害是破坏遗传物质脱氧核糖核酸，它的损伤会导致癌症。科学家指出，受紫外线辐射侵害可能诱发麻疹、水痘、疱疹、真菌病，但最主要的是诱发皮肤癌。如臭氧层中臭氧含量减少10%，地面紫外线辐射将增加19%，皮肤癌的发病率将增加15%～25%，所以随着高空臭氧含量的逐渐减少，患皮肤癌的总人数正在世界范围内逐年增加，目前已占癌症患者的1/3。此外，紫外线辐射还会大大降低人体的免疫功能，造成眼疾患者增多。1999年7月西藏的一份调查报告说：近年来，西藏由于臭氧层变薄，加上积雪和岩石对紫外线强烈的反射作用，使该地区白内障发病率逐年呈上升趋势，发病率为全国之首，且发病年龄较平原地区的发病年龄提前 5 ~ 10 年。

同样，到达地面增强的紫外线辐射，对动植物也构成了严重的威胁。研究发现，它会对小麦、水稻、大豆、马铃薯等农作物生长产生有害影响，从而降低农作物产量；它还会破坏水生动植物的食物链，危及鱼虾、浮游生物的安全。

另外，臭氧是一种具有强烈刺激性的气体，飘浮在人类所呼吸的近地面大气中的臭氧可以看做是一种有害的污染物。它对人类健康的危害主要是通过臭氧与人类活动产生的污染物（碳氢化合物和氮氧化物）在紫外线辐射作用下发生光化学反应而形成的臭氧烟雾，使得人们呼吸系统受损，出现喉干、头痛、烦躁不安等症状，还会导致支气管炎，加速肺部肿瘤的发展。而高层臭氧含量减少引起的地面附近紫外线辐射增强，加上主要由汽车尾气排放引起低层臭氧含量增加，则会增强地面形成臭氧烟雾的速率。实验表明，地面臭氧浓度为 1.25ppm 时，吸入 1 小时臭氧后，肺部的张弛体积会明显减小。此外，这种臭氧烟雾也会影响谷物产量。

祸首：人类生产的含氯化合物

臭氧是 1839 年首先在实验室被发现的，随后，臭氧被证明能强烈吸收太阳紫外线辐射。臭氧的实际观测始于 1880 年。大气臭氧层是法国科学家于 20 世纪初发现的。之后多年的观测和研究指出，大气高层臭氧生成和消亡的自然平衡关系失调（即臭氧层变薄）是由人类活动造成的。这里特别要指出的是在 1974 年，科学家研究发现臭氧层受损与氟利昂有关。随后，全世界科学家经过多年的研究，证实大气平流层中的氯并非天然生成，而人类是通过生产和生活中产生的含氯化合物向

大气输入氯原子，通过光化学反应加剧了臭氧消亡过程的速度。

如今，人们知道破坏臭氧层的主要罪魁祸首氟氯碳，自 20 世纪 30 年代面世以来被广泛用作冰箱、冷冻机、空调等制冷设备中的制冷剂，聚氨酯泡沫和聚乙烯/聚苯乙烯泡沫中的发泡剂，气雾剂制品中的推进剂，电子线路板、精密金属零部件等的清洗剂，烟丝的膨胀剂等。另一主要罪魁祸首哈龙则主要用作灭火系统或手提灭火器中的灭火剂。据测定，每一个氯原子可以破坏成千上万个臭氧分子。迄今，此类化学物质在大气中的含量已达 2000 万吨。

觉醒：保护臭氧层成为国际共识

由于这些含氯化合物使用所带来的严重后果，特别是 1985 年南极臭氧洞的发现，使科学家们大吃一惊，引起了世界性的关注，从而使保护臭氧层成为全人类的共识。1985 年，世界各国在奥地利签署了《保护臭氧层维也纳公约》。1987 年世界各国在加拿大蒙特利尔签订了《关于消耗臭氧层物质的蒙特利尔议定书》，决定限制氯氟烃的生产和使用。这个议定书和 1991 年的伦敦修正案、1992 年的哥本哈根修正案一起，要求各国在 2000 年全面禁止使用氯氟烃。1994 年第 52 届联合国大会还把议定书签字日（9 月 16 日）定为"国际保护臭氧层日"，1998 年活动的主题是"为了地球上的生命，请购买有益臭氧层的产品"。1999 年活动主题为"拯救我们的蓝天，爱护臭氧层"。

《议定书》确定了全球保护臭氧层国际合作的框架，提出了受控物质清单及其逐步和最终完全淘汰的时间表。最初的《议定书》规定控制 8 种消耗臭氧层物质的生产和消耗，后来进一步扩大了受控物质的范围，包括 15 种氟氯碳，3 种哈龙，40 种氟氯烃，34 种氟溴烃和四氯化碳、甲基氯酚和甲基溴。《议定书》规定，发达国家在 1994 年淘汰哈龙的生产和使用，1996 年基本停止其他主要受控物质的生产和消费；发展中国家可以比发达国家晚 10 年，即最终期限为 2010 年，要淘汰主要的受控物质。

责任：中国保护臭氧层的行动

中国政府于 1991 年正式签署《议定书》，参与国际保护臭氧层合作活动。多年来，我国为此做出了积极努力，取得了重要进展。

在国际合作方面，我国与美国、德国、瑞典、加拿大、日本、丹

麦、芬兰等国家在保护臭氧层技术信息交流、生产线替代转换等方面开展了合作，取得了较好的效果。在多边基金框架下，我国与联合国环境规划署、联合国工业与发展组织、联合国开发计划署和世界银行等四个国际执行机构已建立了正常的工作关系和工作程序。截至1999年，多边基金向我国200多个企业提供了的2亿美元的赠款，并批准了三个行业的整体淘汰计划，获得赠款2.19亿美元。

在国际履约方面，我国也做了大量工作。我国于1991年成立了国家保护臭氧层领导小组，该领导小组由17个部委组成，负责实施《议定书》，并审核各项执行方案和提出决策性意见，对中国的消耗臭氧层物质的淘汰行动提供指导并协调有关行动。1993年国务院批准《中国逐步淘汰耗臭氧层物质国家方案》。该方案提出了我国保护臭氧层的机构安排、政策框架、行动计划，它是我国开展保护臭氧层工作的指导性文件。目前我国已制定并实施了20多项有关保护臭氧层的政策，主要包括对哈龙和氟氯碳化学品实行生产配额制度；禁止新建生产和使用消耗臭氧层物质的生产设施；禁止在气雾剂产品生产中使用氟氯碳类物质；禁止在非必要场所新配置哈龙灭火器等，从而将我国保护臭氧层工作纳入规范化管理。

《议定书》缔约方每年举行一次会议，回顾和审议《议定书》的实施进度情况，并决定对《议定书》的修正或调整。根据中国政府的建议，经第10次缔约方大会决定，1999年的第11次缔约方大会于11月29日至12月3日在中国北京举行。此次会议进一步表明了我国政府所一贯坚持的以"共同但有区别的责任"的原则解决全球环境问题、参与国际合作的积极态度，也展示了我国在保护臭氧层国际合作中取得的成就和为此所作出的牺牲和贡献。为确保此次会议在我国的成功举办，我国政府成立了由国务院副总理温家宝为主席、国家环境保护总局局长解振华为副主席的大会组织委员会。在1999年7月8日召开的组织委员会第一次会议上，解振华说，我国消耗臭氧层物质的淘汰工作已取得实质性进展。2003 年，在第 15 次缔约大会上，中国作为优秀的履约国家，获得了 2003 年度联合国环境规划署国家保护臭氧层机构杰出贡献奖。

"补天"：来一个全球性大行动

我国古代有"女娲补天"的神话。如今，极区臭氧层出现了危及人类生存的空洞，中高纬度地区高空臭氧含量也在减少，急需"女娲"来修补。可喜的是，世界各国已经签订了保护臭氧层的国际性公约，许多国家已将环境问题列为影响国家安全的重大议题，并采取了一些相应的措施。如今，"女娲补天"不再是一个人的行动，它要求各国政府高度重视，全世界人民积极参与，来一个全球性大行动。通过全人类的共同努力，一定会实现"苍天补"的宏伟目标。

（原载《气象知识》1999 年第 5 期）